工业机器人操作与编程一体化教程

主　编　于　生
副主编　杨　宇　　莫胜撼　　冯道宁
参　编　杨爱春

电子工业出版社

Publishing House of Electronics Industry

北京·BEIJING

内 容 简 介

本书是依据高等职业院校工业机器人专业的相关标准，并结合工业机器人技能鉴定标准编写的。在编写过程中，考虑了初学者对工业机器人操作与应用的实际要求。本书从实际的教学角度出发，通过项目化、任务化的形式组织全书教学内容，使学生在应用中学会工业机器人的基础知识点、编程与操作技巧。

本书包括初步认识工业机器人、工业机器人手动操作、ABB 工业机器人程序数据、ABB 工业机器人通信、ABB 工业机器人在线程序编写 5 个项目。每个项目都包含了项目引入、技能要求与素质要求、思政案例、若干任务、习题。每个任务包括任务单、知识点、任务评价与自学报告 3 个环节。

本书适用于高等职业学校、高等专科学校、成人教育高校及本科院校的二级职业技术学院、技术（技师）学院、高级技工学校、继续教育学院，以及民办高校的电气自动化技术、工业机器人技术、机电一体化技术等专业的师生使用，也可作为从事工业机器人应用编程相关工程技术人员的参考资料和培训用书。

图书在版编目（CIP）数据

工业机器人操作与编程一体化教程 / 于生主编. —北京：电子工业出版社，2023.10

ISBN 978-7-121-46762-2

Ⅰ. ①工… Ⅱ. ①于… Ⅲ. ①工业机器人－操作－高等职业教育－教材②工业机器人－程序设计－高等职业教育－教材 Ⅳ. ①TP242.2

中国国家版本馆 CIP 数据核字(2023)第 226954 号

责任编辑：张 豪
印 刷：中国电影出版社印刷厂
装 订：中国电影出版社印刷厂
出版发行：电子工业出版社
　　　　　北京市海淀区万寿路 173 信箱　邮编：100036
开 本：787×1092　1/16　印张：13.75　字数：334 千字
版 次：2023 年 10 月第 1 版
印 次：2023 年 10 月第 1 次印刷
定 价：45.00 元

凡所购买电子工业出版社图书有缺损问题，请向购买书店调换。若书店售缺，请与本社发行部联系，联系及邮购电话：（010）88254888，88258888。

质量投诉请发邮件至 zlts@phei.com.cn，盗版侵权举报请发邮件至 dbqq@phei.com.cn。

本书咨询联系方式：qiyuqin@phei.com.cn。

前　　言

国务院印发《国家职业教育改革实施方案》(简称"职教20条"),为全国高职教育指出了新方向——"1+X"证书制度。各高等职业院校必须做出新的教学模式来适应"1+X"证书制度。"1+X"教学模式集"产-学-研-赛-评-用"一体化的产教协同育人理念与路径。为适应"1+X"教学模式提出新的人才培养的评价体系,改革高等职业院校复合型技术技能人才培养模式,提升职业教育教学质量,促进教育链、人才链与产业链、创新链有机衔接,主动对接国家标准和证书标准。

以展现智能制造自动化、数字化、网络化、智能化的管理与控制为主要内容,旨在促进工业机器人领域高素质复合型技术技能人才培养,助推工业企业的数字化转型发展。新一轮的科技革命和产业革命推动了智能制造产业飞速发展,对人才提出了新挑战、新要求。目前,我国从事工业机器人及智能制造行业的相关企业有上万家,但相应的人才储备在结构上、数量上和质量上都捉襟见肘,人才缺口很大,严重影响产业高质量的发展,可见人才已经成为产业转型升级的重要制约要素之一。另一方面,我国中等、高等职业院校和应用型本科院校,为了适应产业发展对人才培养提出了新的要求。为了使广大职业院校的学生、社会学习者能够更好地掌握工业机器人的知识点,笔者编写了本书。

本书具有如下特色:

对照工业机器人应用编程职业标准,面向工业机器人在线编程与离线编程的核心岗位,将岗位中遇到的实际问题与标准相结合,严格对照职业标准编写教材。

强化对工业机器人基础知识的掌握与理解,将工业机器人的基本概念、系统组成、通信、程序数据、程序编写等基础知识植入项目和任务中,有利于读者对工业机器人基础知识的掌握与理解。

突出工业机器人技术人员的实践能力,面向工业机器人应用编程成员,强化其解决实际问题的能力,使读者更好地了解工业机器人技术的岗位需求,并提高自身解决问题的能力。

本书由广西机电职业技术学院于生、杨宇、莫胜撼、冯道宁、杨爱春老师合作编写。在本书编写过程中,得到了有关专家和企业技术人员的大力支持,广西机电职业技术学院林勇坚老师负责主审,谨在此一并表示感谢。由于编者水平有限,书中难免存在疏漏和不足之处,敬请专家、读者批评批正。

目　　录

项目 1　初步认识工业机器人 1

　　任务1.1　工业机器人的简介 3

　　　　1.1.1　工业机器人的定义 4

　　　　1.1.2　工业机器人的发展 5

　　　　1.1.3　工业机器人的分类 6

　　　　1.1.4　ABB工业机器人的型号 9

　　　　1.1.5　工业机器人的典型应用 10

　　任务1.2　工业机器人的安全注意事项 17

　　　　1.2.1　工业机器人的学习要求 19

　　　　1.2.2　常用的安全护具 19

　　　　1.2.3　紧急停止按钮 20

　　　　1.2.4　工业机器人开机和关机 21

　　任务1.3　工业机器人的基本组成 26

　　　　1.3.1　工业机器人本体 28

　　　　1.3.2　控制柜 29

　　　　1.3.3　示教器 30

　　　　1.3.4　连接电缆 31

项目 2　工业机器人手动操作 40

　　任务2.1　ABB工业机器人示教器介绍 41

　　　　2.1.1　设定示教器的显示语言 43

　　　　2.1.2　设定机器人系统的时间 44

　　　　2.1.3　机器人数据备份 45

　　任务2.2　工业机器人坐标系 51

　　　　2.2.1　工业机器人基坐标系 53

　　　　2.2.2　工业机器人大地坐标系 53

　　　　2.2.3　工业机器人工件坐标系 54

　　　　2.2.4　工业机器人工具坐标系 55

　　任务2.3　机器人关节运动操作 59

　　任务2.4　机器人线性运动操作 64

任务2.5　工业机器人重定位运动操作 69

项目3　ABB 工业机器人程序数据 77

任务3.1　程序数据介绍 78

3.1.1　程序数据 79

3.1.2　程序数据的存储类型 82

3.1.3　常用程序数据说明 83

任务3.2　工业机器人工具坐标系的设置 88

任务3.3　工业机器人用工件标系设置 100

项目4　ABB 工业机器人通信 113

任务4.1　ABB标准I/O板卡——DSQC651配置 114

4.1.1　ABB工业机器人I/O通信种类 115

4.1.2　DSQC651配置 118

任务4.2　ABB工业机器人与PLC通信 141

4.2.1　Profibus 适配器的连接 142

4.2.2　Profinet 适配器的连接 146

项目5　ABB 工业机器人在线程序编写 155

任务5.1　工业机器人运动轨迹 156

5.1.1　认识任务、程序模块和例行程序 157

5.1.2　常用运动指令 162

任务5.2　建立程序的基本流程 179

附录-ABB 工业机器人指令说明 202

一、程序执行的控制 202

二、变量指令 203

三、运动设定 204

四、运动控制 206

五、输入/输出信号处理 209

六、通信功能 210

七、中断程序 212

八、系统相关的指令 212

九、数学运算 213

参考文献 214

项目 1 初步认识工业机器人

项目引入

工业机器人作为高端制造装备的重要组成部分，技术附加值高，应用范围广，是我国先进制造业的重要支撑和信息化社会的重要生产装备，对未来生产、社会发展以及增强军事国防实力都有十分重要的意义。

工业机器人是集机械、电子、控制、传感、人工智能等多学科先进技术于一体的自动化装备。自1959年机器人产业诞生以来，经过多年发展，工业机器人已经被广泛地应用在装备制造、新材料、生物医药、智慧新能源等高新技术产业。机器人与人工智能技术、先进制造技术、移动互联网技术的融合发展，推动了人类社会生活方式的变革。工业机器人显著的特点如下：

1. 可编程

生产自动化的进一步发展是柔性自动化。工业机器人可随其工作环境变化的需要而再编程，因为它在小批量、多品种、具有均衡高效率的柔性制造过程中发挥了很好的功用，是柔性制造系统的一个重要组成部分。

2. 拟人化

工业机器人在机械结构上有类似人的行走部件、转腰部件、大臂、小臂、手腕、手等部分，在控制上由计算机来操作。此外，智能化工业机器人还有许多类似人类的"生物传感器"，如皮肤接触型传感器、力传感器、负载传感器、视觉传感器、声觉传感器、语言功能传感器等。传感器提高了工业机器人对周围环境的自适应能力。

3. 通用性

除了专用工业机器人，一般工业机器人在执行不同的作业任务时具有较好的通用性。例如，更换工业机器人手部末端操作器（手抓、工具等）便可执行不同的作业任务。

工业机器人的定义随着科技的不断发展，也在不断完善，面对机器人产业诱人的大蛋糕，中国各地纷纷行动起来，工业机器人的产业园如雨后春笋般层出不穷，都积极投身这场"掘金战"中。

工业机器人编程是一项实践性非常强的应用技术，需要大量的编程训练获得编程的调试技能。工业机器人是面向工业领域的多关节机械手或多自由度的机器装置，它能自动执行作业任务，是靠自身动力和控制能力来实现各种功能的一种机器。它是在机械手的基础上发展起来的，国外称其为Industrial Robot。工业机器人的出现将人类从繁重、单一的劳动中解放出来，另外它还能够从事一些不适合人类甚至超越人类的劳动，实现生产的自动化，降低工伤事故发生率和提高生产效率。工业机器人能够极大地提高生产效率，已经被广泛地应用于电力、新能源、汽车、制造、食品、医药、钢铁、铁路、航空航天等众多领域。工业机器人应用编程人员在开始操作工业机器人之前，需要穿戴正确的安全护具、了解工业机器人的基本组成、掌握工业机器人正确开机与关机的步骤、急停报警的解除方法，为工业机器人的基本操作做好准备工作。工业机器人操作的准备工作包括以下几项内容：

（1）认识并正确穿戴工业机器人应用编程人员安全护具。

（2）启动工业机器人系统。

（3）模拟紧急情况下按下急停按钮，并进行急停报警解除。

（4）关闭工业机器人系统。

技能与素质要求

技能要求	素质要求
1. 了解工业机器人的现状与发展趋势	1. 培养学生的安全规范意识、纪律意识
2. 掌握工业机器人的典型结构	2. 培养学生主动探究新知识的意识
3. 掌握工业机器人的定义	3. 培养学生严谨、规范的工匠精神
4. 掌握 ABB 工业机器人的型号和分类	
5. 掌握工业机器人的开、关机步骤	
6. 工业机器人的典型应用	
7. 工业机器人的安全注意事项	
8. 掌握工业机器人的基本组成	

思政案例

刘湘宾：矢志奋斗，只争朝夕

刘湘宾同志参加工作40多年，在精密加工事业部数控组当了22年的组长，他所带领的团队主要承担着国家防务装备惯性导航系统（简称惯导系统）关键件的车铣任务，加工的惯性导航产品参加了40余次国家防务装备、重点工程、载人航天、探月工程等大型飞行试验任务，圆满完成了长征系列运载火箭导航产品关键零件、卫星、神舟十二号载人飞船重要部件生产任务。他率领团队在行业内首次实现了球型薄壁石英玻璃的加工需求，打通了该型号研制的关键瓶颈。研究成果可推广应用于航空、船舶等重要部件的精密加工，为我国新型防务装备、卫星研制生产提供技术支撑和保障，经济效益和社会效益显著。他还通过持续创新改进工艺方法，开展了大量试验，成功将陶瓷类产品的加工合格率提高到95.5%以上，加工效率提升3倍以上。

屠呦呦：坚持不懈

为保证病人用药安全，屠呦呦带头试服药剂，不怕染上病毒性肝炎。为取得第一手临床资料，她在海南疟区奔走。成百上千次反复的尝试是极其枯燥、乏味的，没有非凡的毅力，就不可能战胜失败的恐惧和迷茫，就不可能找到突破口，也就不可能获得真正的成果。所以，任何的科学创新看似机缘巧合，其实来自非凡的洞察力、视野和顽强的信念。屠呦呦获得诺贝尔奖对于中医药事业来说是一件具有里程碑意义的事情。如何培养合格的接班人，培养社会需要的创新型复合型人才，是我们需要不断探索的问题。只有那些热爱本职工作、脚踏实地，勤勤恳恳、兢兢业业，尽职尽责、精益求精的人，才能成就一番事业，才可能实现人生价值。

任务 1.1　工业机器人的简介

任务引入

工业机器人领域的第一件专利由美国发明家乔治·德沃尔在1958年申请，名为可编程的操作装置。美国机器人学家约瑟夫·恩格尔伯格对此专利很感兴趣，联合德沃尔在1959年共同制造了世界上第一台工业机器人，称之为Robot，其含义是"人手把着机械手，把应当完成的任务做一遍，机器人再按照事先交给它们的程序进行重复工作"，并主要用于工业生产的铸造、锻造、冲压、焊接等生产领域。1970—1984年，这期间的技术相较于此前有很大进步，工业机器人开始具有一定的感知功能和自适应能力的离线编程，可以根据作业对象的状况改变作业内容。伴随着技术的快速发展，这一时期的工业机器人还突出表现为商业化运用迅猛发展的特点。工业机器人的"四大家族"——KUKA（库卡）、ABB、YASKAWA（安川）、FANUC（发那科）。1985年至今，智能机器人带有多种传感器，它可以将传感器得到的信息进行融合，有效地适应变化的环境，因而具有很强的自适应能力、学习能力和自治功能。

21世纪初，美国、日本等国都开始了智能军用机器人的研究，并在2002年由美国波士顿公司和日本公司共同申请了第一件"机械狗"（Boston Dynamics Big Dog）智能军用机器人专利。2004年，在美国政府DARPA/SPAWAR计划的支持下，申请了智能军用机器人专利。20世纪70年代到80年代初，由于当时国家经济条件等因素的制约，我国主要从事工业机器人基础理论的研究，在机器人造助学、机构学等方面取得了一定的进展，为后续工业机器人的研究奠定了基础。20世纪80年代中后期，随着工业发达国家开始大量应用和普及工业机器人，我国的工业机器人研究得到政府的重视和支持，国家组织了对工业机器人需求行业的调研，投入大量的资金开展工业机器人的研究，进入了样机开发阶段。20世纪90年代，我国在这一阶段研制出平面关节型统配机器人、直角坐标型机器人、弧焊机器人、点焊机器人等多种工业机器人系列产品，以及102种特种机器人，实施了100余项机器人应用工程。为了促进国产机器人的产业化，在20世纪90年代末建立了9个机器人产业化基地和7个科研基地。21世纪以来,《国家中长期科学和技术发展规划纲要（2006—2020年）》突出增强自主创新能力这一条主线,着力营造有利于自主创新的政策环境,加快促进企业成为创新主体,大力倡导企业为主体,产学研紧密结合,国内一大批企业或自主研制或与科研院所合作,加入工业机器人研制和生产行列,我国工业机器人进入初步产业化阶段。

任务单

	任务 1.1　工业机器人的简介
岗课赛证要求	1. 工业机器人系统操作员的岗位需求 ● 了解工业机器人的发展趋势 ● 了解工业机器人的定义 ● 了解工业机器人的型号 ● 能掌握工业机器人的典型应用 2. 工业机器人系统技能竞赛的要求 ● 爱护设备,保持竞赛环境清洁、有序 3. "1+X"技能等级证书标准 ● 能根据常见品牌的工业机器人及 PLC（Programmable Logic Controller,可编程逻辑控制器）、电机等外部设备的性能、特点,结合不同的应用需求,进行集成方案适配
教学目标	1. 知识与能力目标 ● 阐述工业机器人的定义 ● 了解工业机器人的品牌 ● 了解工业机器人的发展趋势 ● 掌握工业机器人的典型应用 2. 过程与方法目标 ● 在网上查找工业机器人厂家的资料,并做简单介绍 3. "6S"职业素养培养 ● 安全生产、规范操作意识 ● 正确摆放和使用工具等 ● 桌面保持整洁,座椅周围无垃圾或杂物 ● 下课后,离开教室时物归原主
学习要求	● 完成任务实施导向 ● 按时完成课后作业 ● 预习下一个任务内容

知识点

1.1.1　工业机器人的定义

在20世纪50年代初,美国开始研究工业机器人,紧随其后的是日本和一些欧洲国家,但日本的发展速度快过美国。欧洲特别是西欧国家比较注重工业机器人的研究和应用,其中英国、德国、瑞典、挪威等国的技术水平高,产量大。

国际上对机器人（这里主要指工业机器人）的定义主要有以下几种:

（1）美国机器人协会（RIA）的定义:机器人是一种用于移动各种材料、零件、工具或专用装置的，通过可编程的动作来执行各种任务的多功能机械手（manipulator）。

（2）日本工业机器人协会（JIRA）的定义：工业机器人是一种装备有记忆装置和末端执行器，能够转动并通过自动完成各种移动来代替人类劳动的通用机器。

（3）美国国家标准局（NBS）的定义：机器人是一种能够进行编程并在自动控制下执行某些操作和移动作业任务的机械装置。

（4）国际标准化组织（ISO）的定义：机器人是一种自动的、位置可控的、具有编程能力的多功能机械手，这种机械手具有几个轴，能够借助可编程序来处理各种材料、零件、工具和专用装置，以执行各种任务。

（5）我国科学家对机器人的定义："机器人是一种自动化的机器，所不同的是这种机器具备一些与人或生物相似的智能能力，如感知能力、规划能力、动作能力和协同能力，是一种具有高度灵活性的自动化机器"。

从这些定义中可以了解到工业机器人的四大特征：仿生特征、自动特征、柔性特征、智能特征。

仿生特征：模仿人的肢体动作。

自动特征：自动完成任务。

柔性特征：对任务具有广泛的适应性。

智能特征：具有对外界的感知能力。

1.1.2　工业机器人的发展

自第一次工业革命以来，人力劳动正逐渐被机械所取代，而这种变革为人类社会创造出巨大的财富，极大地推动了人类社会的进步。时至今日，机电一体化技术、电气自动化技术、机械智能化等技术应运而生。人类充分发挥主观能动性，进一步提高对机械的利用效率，使之为我们创造更加巨大的生产力，并在一定程度上维护了社会的和谐。机器人是集机械、电子、控制、传感、人工智能等多学科先进技术于一体的自动化装备。自1959年机器人产业诞生以来，经过多年发展，机器人已经被广泛应用在装备制造、新材料、生物医药、智慧新能源等高新技术产业。机器人与人工智能技术、先进制造技术、移动互联网技术的融合发展，推动了人类社会生活方式的变革。随着生产力的发展，必将促进相应科学技术的发展。未来工业机器人将广泛地进入人们的生产生活领域。

工业机器人品牌排名前十榜单，其中包含了FANUC（发那科）、Yaskawa（安川）、ABB、KUKA（库卡）、Epson（爱普生）、埃斯顿、INOVANCE、YAMAHA（雅马哈）、Kawasaki（川崎）、柴孚（CHAIFU）。

其中，ABB是全球领先的工业机器人技术供应商，提供从机器人本体、软件、外围设备、模块化制造单元、系统集成到客户服务的完整产品组合。ABB工业机器人为焊接、搬运、装配、涂装、机械加工、捡拾、包装、码垛、上下料等应用提供全面支持，广泛服务于汽车、电子产品制造、食品饮料、金属加工、塑料橡胶、机床等行业。ABB上海康桥生产基地是国内累计装机量最高的工业机器人生产基地，其生产的机器人数量累计超过5万台，同时上海康桥生产基地也是全球唯一的ABB喷涂机器人生产基地，并拥有ABB全球首个机器人质量中心和中国首个机器人整车喷涂实验中心。截至目前，ABB是唯一一家在中国打造工业机器人研发、生产、销售、工程、系统集成和服务全产业链的跨国企业。从ABB的发展可以看出工业机器人的发展速度之快，工业机器人正逐渐融入人们的生产生活中。

1.1.3　工业机器人的分类

工业机器人对现在新兴产业的发展和传统产业的转型都起着至关重要的作用。随着工业机器人市场的火爆，其种类也是多种多样。关于工业机器人的分类，国际上还没有统一的标准，有的按照负载质量分，有的按照控制方式分，有的按照结构分，有的按照应用领域分。

工业机器人按照坐标形式分为五类：直角坐标型机器人、圆柱坐标型机器人、球坐标型机器人、平面双关节型机器人、关节型机器人。

直角坐标型机器人的外形轮廓与数控铣床或三坐标测量机相似。三个关节都是转动关节，关节轴线相互垂直，相当于笛卡尔坐标系的X、Y、Z轴。它主要用于生产设备的上下料，也可以用于高精度的装卸和检测作业。

圆柱坐标型机器人以θ、z、r为参数构成坐标系。手腕参考点的位置可以表示为$P=(\theta,z,r)$。其中r是手臂的径向长度，θ是手臂绕水平轴的角位移，z是手臂在垂直轴上的高度。如果r不变，则操作臂的运动将形成一个圆柱表面，空间定位比较直观。操作臂收回后，其后端可能与工作空间内的其他物体相碰，转动关节不易防护。

球坐标型机器人腕部参考点运动所形成的最大轨迹表面是半径为r的球面的一部分，以θ、φ、r为坐标，任意点可表示为$P=(\theta,\varphi,r)$。这类机器人占地面积小，工作空间较大，转动关节不易防护。

平面双关节型机器人有3个旋转关节，其轴线相互平行，在平面内进行定位和定向，另一个关节是移动关节，用于完成末端件垂直于平面的运动。手腕参考点的位置是由2个旋转关节的角位移φ_1、φ_2和转动关节的位移z决定的，即$P=(\varphi_1,\varphi_2,z)$。这类机器人结构轻便、响应快。

关节型机器人由2个肩关节和1个肘关节进行定位，由2个或者3个腕关节进行定向。其中，一个肩关节绕铅直轴旋转，另一个肩关节实现俯仰运动，这两个肩关节轴线正交，肘关节平行于第二肩关节轴线。这种结构动作灵活，工作空间大，在作业空间内手臂的干涉最小，结构紧凑，占地面积小，关节上相对运动部位容易密封防尘。这类机器人在进行作业时的运动较为复杂，确定末端件执行器的位姿不直观，在进行控制时，计算量比较大。

工业机器人按执行机构运动的控制机能又可分为点位型和连续轨迹型。点位型只控制执行机构由一点到另一点的准确定位，适用于机床上下料、点焊、一般的搬运或装卸等作业；连续轨迹型可控制执行机构按给定轨迹运动，适用于连续焊接和涂装等作业。

　　工业机器人按程序输入方式区分有编程输入型和示教输入型两类。编程输入型是将计算机上已编好的作业程序文件，通过RS232串口或者以太网等通信方式传送到机器人控制柜。

　　工业机器人按移动方式区分有轮式移动机器人、步行移动机器人、履带式移动机器人、爬行机器人、蠕动式机器人和游动式机器人等。

　　工业机器人按机器人的作业空间区分有陆地室内移动机器人、陆地室外移动机器人、水下机器人、无人飞机和空间机器人。

　　工业机器人按关节的连接形式区分有串联机器人和并联机器人。

　　串联机器人是一种开式运动链机器人，由一系列连杆通过转动关节或移动关节串联形成，采用驱动器驱动各个关节的运动从而带动连杆的相对运动，使末端执行器到达合适的位姿，一个轴的运动会改变另一个轴的坐标原点。串联机器人的特点是：工作空间大；运动分析较容易；可避免驱动各轴之间的耦合效应；各轴必须独立控制，并且需搭配编码器与传感器来提高机构运动时的精准度。串联机器人的研究相对较成熟，已经成功应用在工业上的各个领域，比如装配、焊接加工、码垛等。

　　并联机器人是在动平台和定平台上通过至少两个独立的运动链相连接的，具有两个或两个以上的自由度，且以并联方式驱动的一种闭环机构。其中末端执行器为动平台，与基座（既定平台）之间由若干个包含许多运动副（如球副、移动副、转动副、虎克铰）的运动链相连接，其中每一条运动链都可以独立控制其运动状态，以实现多自由度的并联，即一个轴运动不影响另一个轴的坐标原点。并联机器人的特点是：工作空间较小；无累积误差，精度较高；驱动装置可置于定平台上或接近定平台的位置，运动部分质量轻、速度快，动态响应好；结构紧凑，刚度高，承载能力强；完全对称的并联机构具有较好的各向同性。并联机器人在需要高刚度、高精度或者大载荷而不需要很大工作空间的领域获得了广泛应用，在食品、医药、电子等轻工业中应用最为广泛，在物料的搬运、包装、分拣等方面有着无可比拟的优势。表1.1是工业机器人的类型和特点及应用。

表 1.1　工业机器人的类型和特点及应用

类型	代表机器人图片	特点及应用
1. 直角坐标型机器人		直角坐标型机器人一般为2～3个自由度运动，每个运动自由度之间的空间夹角为直角。可自动控制，可重复编程，所有的运动均按程序运行。直角坐标型机器人一般由控制系统、驱动系统、机械系统、操作工具等组成。灵活，多功能，因操作工具的不同，功能也不同。高可靠性，高速度，高精度。可用于恶劣的环境中，可长期工作，便于操作维修

（续表）

类型	代表机器人图片	特点及应用
2. 平面关节型机器人		平面关节型机器人又称为 SCARA 机器人，是圆柱坐标型机器人的一种形式。SCARA 机器人有 3 个旋转关节，其轴线相互平行，在平面内进行定位和定向。另一个关节是移动关节，用于完成末端件在垂直于平面上的运动。SCARA 机器人精度高，有较大的动作范围，坐标计算简单，结构轻便，响应速度快，但是负载较小，主要用于电子、分拣等领域。SCARA 系统在 X，Y 轴方向上具有顺从性，而在 Z 轴方向上具有良好的刚度，此特性特别适合装配工作，SCARA 机器人的另一个特点是其串接的两杆结构，类似人的手臂，可以伸进有限空间中作业然后收回，适合搬动和取放物件，如集成电路板等
3. 并联机器人		并联机器人又称 Delta 机器人，属于高速、轻载的并联机器人，一般通过示教编程或视景系统捕捉目标物体，由三个并联的伺服轴确定工具中心点（TCP）的空间位置，实现目标物体的运输、加工等操作。Delta 机器人主要应用于食品、药品和电子产品的加工、装配。Delta 机器人以其质量轻、体积小、运动速度快、定位精确、成本低、效率高等特点，正在市场上被广泛应用。Delta 机器人是典型的空间三自由度并联机构，整体结构精密、紧凑，驱动部分均布于固定平台上，这些特点使它具有如下特性：承载能力强、刚度大、自重负荷比小、动态性能好；并行三自由度机械臂结构，重复定位精度高；超高速拾取物品，一秒钟多个节拍
4. 串联机器人		串联机器人，拥有 5 个或 6 个旋转轴，类似于人类的手臂。应用领域有装货、卸货、喷漆、表面处理、测试、测量、弧焊、点焊、包装、装配、切削机床、固定、特种装配操作、锻造、铸造等。串联机器人有很高的自由度，5~6 轴，适用于几乎任何轨迹或角度的工作，可以自由编程，可以完成全自动化的工作；提高生产效率，可控制的错误率代替很多不适合人力完成、有害身体健康的复杂工作，例如，汽车外壳点焊、金属部件打磨。本书就是以串联型机器人作为对象展开教学的
5. 协助机器人		在传统的工业机器人逐渐取代单调、重复性高、危险性强的工作之时，协作机器人也将会慢慢渗入各个工业领域中，与人共同工作。这将引领一个全新的机器人与人协同工作的时代，随着工业自动化的发展，我们发现需要协助型的工业机器人来配合人完成工作任务。这样的话，比工业机器人的全自动化工作站具有更好的柔性和成本优势

1.1.4 ABB工业机器人的型号

工业机器人的品牌众多，每一个品牌的机器人型号也多。本节以ABB工业机器人为例进行讲解。ABB工业机器人被广泛地应用在汽车工业、包装与堆垛自动化、电气电子工业（3C）、木材工业、太阳能与光伏工业、塑料工业、铸造锻造自动化、金属加工自动化等行业中。整理出常用的ABB工业机器人型号及作用，如表1.2所示。

表 1.2 常用的 ABB 工业机器人型号及作用

机器人的型号	图片	作用
1. IRB 120		ABB 迄今为止最小的多用途机器人，IRB 120 仅重 25kg，荷重 3kg（垂直腕为 4kg），工作范围达 580mm，是具有低投资、高产出优势的经济可靠之选。IRB 120 已经获得了 IPA 机构"ISO 5 级洁净室（100 级）"的达标认证，能够在严苛的洁净室环境下充分发挥优势
2. IRB 1200		IRB 1200 能够在狭小空间内淋漓尽致地发挥其工作范围与性能的优势。在两次动作间移动距离短，既可以缩短节拍时间，又有利于工作站体积的最小化，堪称以小取胜、引领同业的设计典范
3. IRB 140		IRB 140 体积小、动力强 可靠性强——正常运行时间长 速度快——操作周期时间短 精度高——零件生产质量稳定 功率大——适用范围广 坚固耐用——适合恶劣的生产环境 通用性强——柔性化集成和生产
4. IRB 1410		IRB 1410 在弧焊、物料搬运和过程应用领域历经考验，自 1992 年以来的全球安装数量已超过 14000 台。IRB 1410 性能卓越、经济效益显著，资金回收周期短。 可靠性——坚固且耐用 准确性——稳定可靠 坚固——及时应用 高速——较短的工作周期 弧焊——集成
5. IRB 1600		ABB 的 IRB 1600 机器人大幅缩短了工作周期

（续表）

机器人的型号	图片	作用
6. IRB 6620 LX		ABB 的 IRB 6620LX 机器人融合了直线轴机器人和多关节型机器人的各种优点，是一款载荷 150kg 的六轴机器人。该型号机器人在设计上实现了高性能和高可靠性，能够提高产量和利用率。 主要应用：机器管理、物料搬运、动力传动系统组装、重型弧焊、研磨和黏合
7. IRB 910SC		ABB 的 SCARA（IRB 90SC 属于其中一个型号）是小部件装配，材料处理和部分检查的理想选择。主要应用于小件物体
8. IRB 14000 YuMi		YuMi 在未来有很大的发展前景，它将改变我们组装自动化的思考方式。ABB 双手臂机器人功能旨在面向全球更多的自动化潜力产业，YuMi 为全新的自动化时代而设计，主要应用于小件搬运、小件装配。例如，小零件组装，人们和机器人为了相同的任务并肩工作。不仅消除了障碍合作，而且在安全性方面也是构建的一大特点。同时，ABB 双手臂机器人具有精确的视力、灵巧的触手、敏感力的控制反馈、灵活的软件和内置的安全功能

1.1.5 工业机器人的典型应用

目前，国际上的机器人学者，根据应用环境的不同将机器人分为制造环境下的工业机器人、非制造环境下的服务与仿人形机器人、网络机器人。

工业机器人技术参数是各个工业机器人制造商在产品供货时所提供的技术数据。工业机器人的主要技术参数一般包括自由度、速度、加速度、承重能力等。

（1）承重能力：工业机器人的承重能力是指其能够携带的最大负载。承重能力是评估机器人工作能力和适用范围的重要指标，通常以千克或者吨为单位进行标示。

（2）工作范围：工业机器人的工作范围指的是其有效工作区域的大小。工作范围通常以立方米来表示，其取决于机器人的构型、关节数量和关节结构。

（3）重复定位精度：重复定位精度是指工业机器人执行相同任务时能够达到的精确度。它是衡量机器人动作稳定性和精度的重要参数，通常以毫米或微米表示。

（4）速度：速度是指机器人在执行任务时的运动速度。工业机器人的速度通常以线性速度（米/秒）或角度速度（弧度/秒）来表示。

（5）加速度：加速度是指机器人从静止状态到达最大速度所需的时间。加速度是评估机器人运动灵活性和响应能力的重要参数。

（6）自由度：自由度是指机器人关节的数量。它决定了机器人能够灵活移动的能力和执行复杂任务的能力。通常自由度越多，机器人的灵活性越高。

（7）控制精度：控制精度是指机器人执行任务时所能达到的控制精确度。控制精度包括运动跟踪、位置控制和力控制等方面。

（8）动力学性能：机器人的动力学性能主要是指机器人的加速和减速能力，以及对外部扰动的响应能力。

（9）电力需求：工业机器人在工作时需要一定的电力供应。电力需求通常包括额定电压、额定功率和电源要求等参数。

（10）安全性能：工业机器人在操作过程中需要考虑安全性。安全性包括机器人的防护机制、安全传感器和紧急停止装置等。

（11）控制系统：工业机器人的控制系统是机器人实现精确运动和执行任务的核心部件。控制系统包括机器人控制器、编程方式和通信接口等。

（12）稳定性：稳定性是指工业机器人在执行任务时的抗扰动能力和运动平稳性。稳定性是评估机器人运动精度和工作质量的重要指标。

（13）寿命和可靠性：寿命和可靠性是指工业机器人在长期使用过程中的性能和可靠程度。寿命和可靠性的评估包括机器人的维修周期、故障率和可维修性等。

（14）适用行业和应用范围：工业机器人的适用行业和应用范围也是评估其技术参数的重要因素。不同的行业和应用对机器人的需求有所不同，因此需要考虑机器人的特定功能和适用性。

工业机器人的典型应用有搬运、喷涂、装配、焊接。

搬运：这种机器人用途很广，一般只需点位控制。即被搬运的零件无严格的运动轨迹要求，只要求始点和终点位姿准确。

喷涂：这种机器人多用于喷漆生产线上，重复位姿精度要求不高。但由于漆雾易燃，一般采用液压驱动或交流伺服电机驱动。

装配：这种机器人要有较高的位姿精度，手腕具有较大的柔性。目前大多用于机电产品的装配作业。

焊接：这种机器人目前使用较多，焊接又可分为点焊和弧焊两类。整理的机器人典型应用，如表1.3所示。

表 1.3　机器人典型应用

名称	图片	应用环境
1. 网络机器人		网络机器人是把标准通信协议和标准人机接口作为基本设施，再将它们与有实际观测操作技术的机器人融合在一起，即可实现无论何时何地，无论是谁都能使用的远程环境观测操作系统。这种网络机器人基于Web 服务器的网络机器人技术，以 Internet 为构架，将机器人与 Internet 连接起来，采用客户端/服务器（C/S）模式，允许用户在远程终端上访问服务器，把高层控制命令通过服务器传送给机器人控制器，同时机器人的图像采集设备把机器人运动的实时图像再通过网络服务器反馈给远端用户，从而达到间接控制机器人的目的，实现对机器人的远程监视和控制
2. 农业机器人		这款农业采摘圣女果的机器人可以区分红色和绿色的果实，并将成熟的果实采摘下来
3. 军用机器人		地面军用机器人，是指在地面上使用的机器人，它们不仅可以在和平时期帮助民警排除炸弹、完成保安任务，还可以在战时代替士兵执行扫雷、侦察和攻击等各种任务
		空中机器人，是指无人驾驶飞机，一种以无线电遥控或由自身程序控制为主的不载人飞机，机上无驾驶舱，但安装有自动驾驶仪、程序控制装置等设备，广泛用于空中侦察、监视、通信、反潜、电子干扰等
		水下军用机器人，用于水下作业，能代替人完成某些任务

（续表）

名称	图片	应用环境
		空间机器人，一切航天器都可以称为空间机器人，如宇宙飞船、航天飞机、人造卫星、空间站等。航天界对空间机器人的定义一般是指用于开发太空资源、空间建设和维修、协助空间生产和科学实验、星际探索等方面的带有一定智能的各种机械手、探测车等应用设备
4. 服务机器人		服务机器人是机器人家族中的一个年轻成员，到目前为止尚没有一个详细的定义。服务机器人的应用范围很广，主要从事维护保养、修理、运输、清洗、安保、救援、消防、监控等工作。国际机器人联合会经过几年的资料搜集和整理，给了服务机器人一个初步的定义：服务机器人是一种半自主或全自主工作的机器人，它能完成有益于人类健康的服务工作，但不包括从事生产的设备
5. 工业机器人		喷漆机器人，能在恶劣的环境下连续工作，并具有工作灵活性强、工作精度高等特点，因此被用于汽车、大型结构件等喷漆生产线，以保证产品的加工质量，提高生产效率，减轻操作人员的劳动强度
		焊接机器人，是在工业机器人的末端法兰装焊钳或焊（割）枪的，使之能进行焊接、切割

名称	图片	应用环境
		搬运机器人是指用一种设备把持工件并将其从一个加工位置移到另一个加工位置进行自动化作业的工业机器人。搬运机器人可安装不同的末端执行器以完成各种不同形状和状态的工件搬运工作，大大减轻了人类繁重的体力劳动。搬运机器人被广泛应用于机床上下料、冲压机自动化生产线、自动装配流水线、码垛搬运、集装箱自动搬运等。部分发达国家已制定出人工搬运的最大限度，超过限度的必须由搬运机器人来完成。搬运机器人是近代自动控制领域出现的一项高新技术，涉及了力学、机械学、电器液压气压技术、自动控制技术、传感器技术、单片机技术和计算机技术等学科领域，已成为现代机械制造生产体系中的一项重要组成部分。它的优点是可以通过编程完成各种预期的任务，在自身结构和性能上有了人和机器的各自优势，尤其体现出了人工智能和适应性
		包装机器人，包括计算机、通信和消费性电子行业（3C行业）和化工、食品、饮料、药品工业是包装机器人的主要应用领域。3C行业的产品产量大、周转速度快、成品包装任务繁重；化工、食品、饮料、药品包装由于行业特殊性，人工作业涉及安全、卫生、清洁、防水、防菌等方面的问题，因此一般采用包装机器人来完成

任务评价与自学报告

1．任务单

姓名		工作名称	
班级		小组成员	
指导教师		分工内容	
计划用时		实施地点	
完成日期		备注	
准备工作			
资料	工具	设备	
工作内容与实施			
工作内容	实施		
1．简述工业机器人的定义			
2．简述工业机器人的分类			
3．简述工业机器人的典型应用			

2．评价

1）自我评价

序号	评价项目	是	否
1	是否明确人员的职责		
2	是否按时完成工作任务的准备部分		
3	着装是否规范		
4	是否主动参与工作现场的清洁和整理工作		
5	是否主动帮助同学		
6	是否完成了清洁工作和维护工具的摆放		
7	是否执行"6S"规定		
评价人		分数		时间	

2）小组评价

序号	评价项目	评价情况
1	与其他同学的沟通	
2	是否尊重他人	
3	工作态度是否积极主动	
4	是否服从教师的安排	
5	着装是否符合标准	
6	能否正确地理解他人提出的问题	
7	能否按照安全和规范的规程操作	
8	能否保持工作环境的干净整洁	
9	是否遵守工作场所的规章制度	
10	是否有工作岗位的责任心	
11	是否全勤	
12	是否能正确对待肯定和否定的意见	
13	团队工作中的表现如何	
14	是否达到任务目标	
15	存在的问题和建议	

3）教师评价

课程名称		工作名称		完成地点	
姓名		小组成员			
序号	项目			分值	得分
1	简述工业机器人的定义			30	
2	简述工业机器人的分类			30	
3	简述工业机器人的典型应用			40	

4）工作评价

	评价内容				
	完成的质量（60分）	技能提升能力（20分）	知识掌握能力（10分）	团队合作（10分）	备注
自我评价					
小组评价					
教师评价					

自学报告

自学任务	ABB 工业机器人的维护与符号识别
自学内容	
收获	
存在的问题	
改进措施	
总结	

任务 1.2　工业机器人的安全注意事项

任务引入

　　工业机器人在系统设计、制造、编程、操作、使用及维护方面都有安全要求及注意事项，包括以下几个方面。

　　（1）关闭总电源。在进行机器人的安装、维修和保养时切记要将总电源关闭。带电作业可能会产生致命性后果。如不慎遭高压电击，肯定会导致心跳停止、烧伤或其他严重伤害。

　　（2）与机器人保持足够的安全距离。在调试与运行机器人时，它可能会执行一些意外的或不规范的运动，并且所有的运动都会产生很大的力量，会严重伤害个人或损坏机器人工作范围内的其他设备，所以要时刻警惕与机器人保持足够的安全距离。

　　（3）静电放电危险。静电放电（ESD）是电势不同的两个物体之间的静电传导，它可以通过直接接触传导，也可以通过感应电场传导。在搬运部件时，未接地的人员可能会传导大量的静电荷。这一放电过程可能会损坏敏感的电子设备。所以在此情况下，要做好静电放电防护，佩戴静电环。

　　（4）紧急停止。优先于其他任何机器人控制操作，它会断开机器人电动机的驱动电源，停止运转所有部件，并切断由机器人系统控制且存在潜在危险的功能部件的电源。出现下列情况时请立即按下紧急停止按钮：①机器人在运行时，工作区域内有工作人员；②机器人伤害了工作人员、损坏了工件胚体或其他周边配套的机器设备。

　　（5）灭火。当电气设备（例如，机器人或控制器）起火时，使用二氧化碳灭火器，切勿使用水或泡沫灭火剂灭火。

　　（6）工作中的安全。①如果在机器人的工作区域内有工作人员，请手动操作机器人系统；②当进入工作区域时，请准备好示教器，以便随时控制机器人；③注意旋转或运动的工具，如转盘、喷枪。确保人在接近机器人之前，这些工具已经停止运动；④注意工件和机器人系统的高温表面。机器人电动机长时间运转后温度很高；⑤注意夹具并确保夹好工件。如果夹具打开工件会脱落，可能导致人员受伤或设备损坏；⑥注意液压、气压系统以及带电部件。即使断电，这些电路上的残余电量也很危险；⑦不要在控制柜内随便放置配件、工具、杂物、安全帽等，以免影响到部分线路，造成设备故障。

（7）自动模式下的全自动模式用于在生产中运行机器人程序。在自动模式操作情况下，如果出现有机器人碰撞、损坏周边设备或有人擅自进入机器人作业区域内，则操作人员必须立即按下急停按钮。

（8）其他提示。①在开机运行前，必须知道机器人根据所编程序将要执行的全部任务；②必须知道所有会影响机器人移动的开关、传感器和控制信号的位置和状态；③必须知道机器人控制器和外围控制设备上的紧急停止按钮的位置，随时准备在紧急情况下使用这些按钮；④永远不要认为机器人没有移动就代表机器人的程序已经结束了。机器人很有可能是在等待让它继续移动的信号。

任务单

任务 1.2　工业机器人的安全注意事项	
岗课赛证要求	1. 工业机器人系统操作员岗位要求 ● 能读懂工业机器人的安全标识 ● 能判断工业机器人系统危险状况，会进行急停等安全防护操作 2. 工业机器人系统技能竞赛要求 ● 能够及时判断外部危险，操作急停按钮等安全装置 3. "1+X"证书等级标准 ● 能按照操作手册的安全规范要求，对安装后的工作站的安全装置（如安全光栅、安全门、急停保护装置等）进行功能检查
教学目标	1. 知识与能力目标 ● 掌握工业机器人的系统组成及各部分的功能 ● 熟悉示教器的按键及其功能 ● 能正确识别工业机器人的基本组成 ● 能正确操作工业机器人开、关机 2. 过程与方法目标 ● 通过实物对照，归纳总结工业机器人各部分的功能 3. "6S"职业素养培养 ● 安全生产、规范操作意识 ● 正确摆放和使用工具等 ● 桌面保持整洁，座椅周围无垃圾或杂物 ● 下课后，离开教室时物归原主
任务载体	● "1+X"工业机器人编程考核平台
学习要求	● 完成任务的实际操作 ● 完成课后作业 ● 预习下一个任务

知识点

1.2.1 工业机器人的学习要求

工业机器人的使用有一定的难度，因为工业机器人是典型的机电一体化产品，它涉及的知识面较宽，即操作者应具有机、电、液、气等更宽广的专业知识，因此对操作人员提出的素质要求是很高的。目前，一个不可忽视的现象是工业机器人的用户越来越多，但工业机器人的利用率还不算高，有时可能是生产任务不饱和，但还有一个更为关键的因素是工业机器人操作人员的素质不够高，碰到一些问题不知如何处理。这就要求使用者具有较高的素质，能冷静对待问题，头脑清醒，现场判断能力强，还应具有较扎实的自动化控制技术基础等。所以应该对操作者和维修人员进行一定的培训，这是在短时间内提高操作人员综合素质最有效的办法。

不管什么应用的工业机器人，它都有一套自己的操作规程。它既是保证操作人员安全的重要措施之一，也是保证设备安全、产品质量等的重要措施。使用者在初次操作机器人时，必须认真阅读使用说明书，按照操作规程进行正确的操作。如果机器人在第一次使用或长期没有使用时，则应慢速手动操作各轴进行运动（如有需要时，还要进行机械原点的校准），这些对初学者来说尤其应引起足够的重视，因为缺乏相应的操作培训，往往在这方面容易犯错。尽可能提高机器人的开动率，购进工业机器人后，如果它的开动率不高，不但使用户投入的资金不能起到再生产的作用，还有一个令人担忧的问题是很可能因过了保修期，设备发生故障需要支付额外的维修费用。在保修期内尽量多发现问题，当平常缺少生产任务时，也不能空闲不用，如果长期不用，则可能会由于受潮等原因加快电子元器件的变质或损坏，并出现机械部件的锈蚀问题。使用者要定期给机器人通电，进行空运行1小时左右。正所谓"生命在于运动"，机器人也是适用这一道理的。

1.2.2 常用的安全护具

工业机器人应用编程人员需正确穿戴相应的安全护具，降低意外带来的伤害。工业机器人应用编程人员常用的安全护具包括安全帽、工作服、劳保鞋、防护眼镜，如图1.1所示。

1. 安全帽
安全帽是指对人的头部受坠落物及其他特定因素引起的伤害起防护作用的帽子。安全帽由帽壳、帽衬、下颏带及附件等组成。

2. 工作服
工作服是为了工作需要而特制的服装，也是企业员工统一的服装。工业机器人应用编程人员在操作工业机器人时，需正确穿戴工作服。穿着要合身、束紧领口、袖口和下摆，工作服内衣物不外露，裤管需束紧，不得翻边。

3. 劳保鞋

劳保鞋是一种对足部有安全防护作用的鞋，劳保鞋应根据工作环境的危害性质和危害程度进行选用。

4. 防护眼镜

防护眼镜是个体防护装备中重要的组成部分，按照使用功能可分为普通防护眼镜和特种防护眼镜。防护眼镜是一种特殊型眼镜，它是为防止放射性、化学性、机械性和不同波长的光损伤而设计的。

图 1.1　安全护具

1.2.3　紧急停止按钮

紧急停止按钮，简称急停按钮，当发生紧急情况时用户可以通过快速按下此按钮来达到保护的措施。

在工厂里面，在一些大中型机器设备或者电器上都可以看到醒目的红色按钮，有时还会标示着与紧急停止含义相同的红色字体，这种按钮可统称为急停按钮。此按钮只需直接向下按压，就可以快速地让整台设备立马停止或释放一些传动部位。要想再次启动设备必须释放此按钮，一般只需顺时针方向旋转大约45°后松开，按下的部分就会弹起，也就是释放。

在工业安全要求里面，凡是一些传动部位会直接或者间接地发生异常情况，对人体产生伤害的，都必须加强保护措施，急停按钮就是其中之一。因此在设计一些带有传动部位的机器时必须加上急停按钮这个功能，而且要设置在人员可方便按下的机器表面，不能有任何遮挡物存在。

当出现下列情况时，必须立即按下紧急停止按钮：

● 当机器人作业时，机器人工作区域内有人；
● 当机器人作业时伤害了工作人员或损坏周边设备。

工业机器人是工业领域中能自动执行工作、靠自身动力和控制能力来实现各种功能的机器装置，为保证作业的安全，在系统中设置了三个紧急停止按钮（不包括外围设备的紧急停止按钮），如图1.2所示，分别是：

（1）工业机器人控制柜上的紧急停止按钮。

（2）工业机器人示教器上的紧急停止按钮。

（3）实训平台外部紧急停止按钮。

按下任何一个紧急停止按钮，工业机器人都将立刻停止运动。

（a）控制柜的急停按钮 　（b）示教器的急停按钮 　（c）平台的外部急停按钮

图 1.2　急停按钮

按下紧急停止按钮后，工业机器人示教器画面会出现急停报警界面，如图1.3所示。再次运行工业机器人前，必须先清除急停报警信息。松开紧急停止按钮，按下控制面板上的伺服上电按钮，确认示教器状态栏中的报警信息消失。

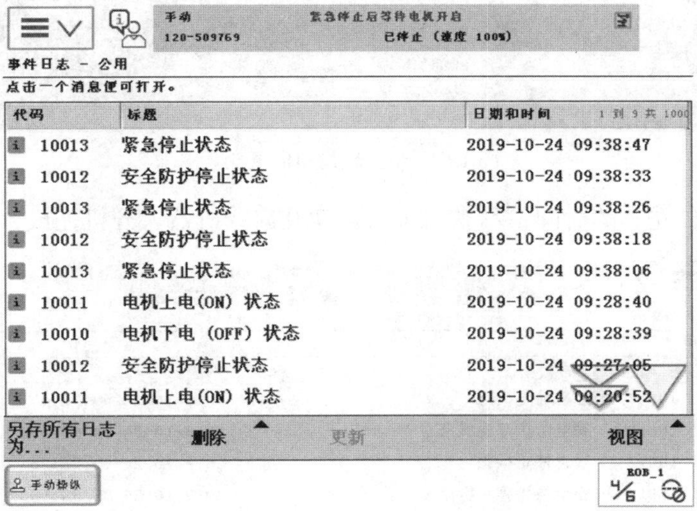

图 1.3　示教器急停报警界面

1.2.4　工业机器人开机和关机

1. 工业机器人开机

工业机器人正确的开机步骤如下：

（1）检查工业机器人周边设备、作业范围是否符合开机条件；

（2）检查电源是否正常接入；

（3）确认控制柜和示教器上的急停按钮已经按下；

（4）打开平台的总电源开关，如图1.4所示；

（5）打开工业机器人控制柜上的电源开关，如图1.5所示；

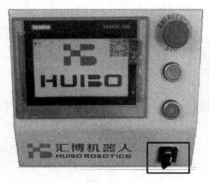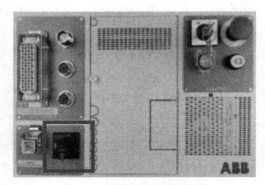

图 1.4　平台的总电源开关　　　　　　图 1.5　控制柜上的电源开关

（6）打开气泵开关和供气阀门，如图1.6所示；

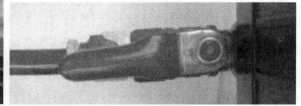

图 1.6　气泵开关和供气阀门

（7）等待20秒左右的时间，示教器画面自动开启，机器人开机完成，如图1.7所示；

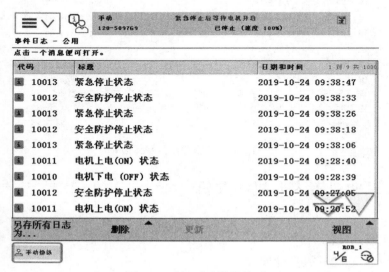

代码	标题	日期和时间	1 到 9 共 1000
10013	紧急停止状态	2019-10-24 09:38:47	
10012	安全防护停止状态	2019-10-24 09:38:33	
10013	紧急停止状态	2019-10-24 09:38:26	
10012	安全防护停止状态	2019-10-24 09:38:18	
10013	紧急停止状态	2019-10-24 09:38:06	
10011	电机上电(ON) 状态	2019-10-24 09:28:40	
10010	电机下电（OFF）状态	2019-10-24 09:28:39	
10012	安全防护停止状态	2019-10-24 09:27:05	
10011	电机上电(ON) 状态	2019-10-24 09:20:52	

图 1.7　开机后示教器界面

（8）将急停按钮释放，按下工业机器人控制柜上的伺服上电按键，清除急停报警信息，如图1.8所示。

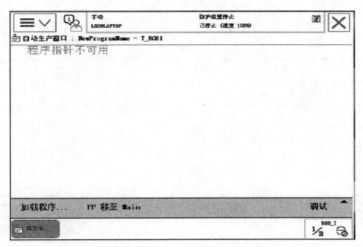

图 1.8　示教器消除报警的界面

2. 工业机器人关机

工业机器人正确的关机步骤如下：

（1）将工业机器人的控制柜模式开关切换到手动操作；

（2）手动操作机器人返回到原点位置；

（3）按下示教器上的急停按钮；

（4）按下控制柜上的急停按钮；

（5）将示教器放置到指定位置；

（6）关闭控制柜上的电源开关；

（7）关闭气泵开关和供气阀门；

（8）关闭实训平台的电源开关；

（9）整理机器人系统周边设备、电缆、工件等物品。

任务评价与自学报告

1. 任务单

姓名		工作名称	
班级		小组成员	
指导教师		分工内容	
计划用时		实施地点	
完成日期		备注	
准备工作			
资料	工具	设备	
工作内容与实施			
工作内容		实施	
1. 常用的安全护具有哪些			
2. 操作机器人的安全原则有哪些			
3. 急停按钮的作用			
4. 开关机的步骤顺序			

2. 评价

1）自我评价

序号	评价项目	是	否
1	是否明确人员职责		
2	是否按时完成工作任务的准备部分		
3	着装是否规范		
4	是否主动参与工作现场的清洁和整理工作		
5	是否主动帮助同学		
6	是否完成了清洁工作和维护工具的摆放		
7	是否执行"6S"规定		
8	能否正确掌握开关机的步骤		
9	能否遵守安全原则和规程		
评价人		分数		时间	

2）小组评价

序号	评价项目	评价情况
1	与其他同学的沟通	
2	是否尊重他人	
3	工作态度是否积极主动	
4	是否服从教师的安排	
5	着装是否符合标准	
6	能否正确地理解他人提出的问题	
7	能否按照安全和规范的规程进行操作	
8	能否保持工作环境的干净整洁	
9	是否遵守工作场所的规章制度	
10	是否有工作岗位的责任心	
11	是否全勤	
12	是否能正确对待肯定和否定的意见	
13	团队工作中的表现如何	
14	是否达到任务目标	
15	存在的问题和建议	

3）教师评价

课程名称		工作名称		完成地点	
姓名		小组成员			
序号	项目			分值	得分
1	简答题			30	
2	正确操作机器人			30	
3	操作遵守安全原则和规程			40	

4）工作评价

	评价内容				
	完成的质量（60分）	技能提升能力（20分）	知识掌握能力（10分）	团队合作（10分）	备注
自我评价					
小组评价					
教师评价					

自学报告

自学任务	ABB 工业机器人的安全原则和规程
自学内容	
收获	
存在的问题	
改进措施	
总结	

任务 1.3　工业机器人的基本组成

任务引入

工业机器人的技术参数是不同的工业机器人之间差距的直接表现形式，不同的工业机器人技术参数特点不同，对应了它们不同的应用范围，工业机器人是高精密的现代机械设备。

（1）自由度。自由度可以用工业机器人的轴数进行解释，机器人的轴数越多，自由度就越多，机械结构运动的灵活性就越强，通用性越强。但是自由度增多，使得机械臂的结构变得复杂，会降低机器人的刚性。当机械臂上的自由度多于完成工作所需要的自由度时，多余的自由度就可以为机器人提供避障能力。目前大部分工业机器人都具有3～6个自由度，也就是常说的三轴机器人、四轴机器人、五轴机器人、六轴机器人，可以根据实际工作的复杂程度和障碍进行选择。

（2）工作载荷。工业机器人在规定的性能范围内工作时，机器人腕部所能承受的负载量。

（3）工作精度、重复精度和分辨率。简单来说，工业机器人的工作精度是指每台机器人定位产生的误差，重复精度是机器人反复定位一个位置产生误差的均值，角分辨率则是指机器人的每个轴能够实现的移动距离或者转动角度。这三个参数共同作用于机器人的工作精确度。根据自身工作的实际需求，选择合适的参数，可以为企业提高生产效率，同时避免购买过多机器人产品，降低实际成本支出，实现效益化。驱动方式，工业机器人驱动方式主要指的是关节执行器的动力源形式，一般有液压驱动、气压驱动、电气驱动，不同的驱动方式有各自的优势和特点，根据自身实际工作的需求进行选择，现在比较常用的是电气驱动。

（4）工作空间，工作空间是指工业机器人在正常工作时，末端执行器坐标系的原点能在空间活动的范围，或者说该点可以到达所有点所占的空间体积。

（5）控制方式，工业机器人的控制方式也被称为控制轴的方式，主要用来控制机器人的运动轨迹。一般来说，控制方式有两种：一种是伺服控制，另一种是非伺服控制。

（6）工作速度，工作速度指的是工业机器人在合理的工作载荷之下，在匀速运动的过程中，机械接口中心或者工具中心点在单位时间内转动的角度或者移动的距离。

任务单

任务 1.3　工业机器人的基本组成	
岗课赛证要求	1. 工业机器人系统操作员岗位要求 ● 熟知工业机器人本体的组成 ● 能接通、切断工业机器人系统的主电源 ● 能启动、停止工业机器人及外围配套设备 2. 工业机器人系统技能竞赛要求 ● 完成工业机器人的 I/O 模块组态设置。I/O 信号输出正常，示教器无错误报警 3. "1+X"证书等级标准 ● 能查看示教器的信息和机器人当前的状态 ● 能操作示教器的功能键
教学目标	1. 知识与能力目标 ● 掌握工业机器人的系统组成及各部分的功能 ● 熟悉示教器的按键及其使用功能 ● 能正确识别工业机器人的基本组成 2. 过程与方法目标 ● 通过实物对照，归纳总结工业机器人各部分的功能 3. "6S"职业素养培养 ● 安全生产、规范操作意识 ● 正确摆放和使用工具等 ● 桌面保持整洁，座椅周围无垃圾或杂物 ● 下课后，离开教室时物归原主
任务载体	"1+X"工业机器人编程考核平台
学习要求	● 完成任务的实际操作 ● 完成课后作业 ● 预习下一个任务

知识点

工业机器人的基本结构是由工业机器人本体、示教器、示教器电缆、控制柜、动力电缆、编码器电缆和电源电缆组成的，如图1.9所示。

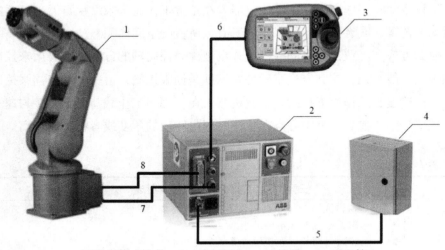

1－工业机器人本体；2－控制柜；3－示教器；4－配电箱；
5－电源电缆；6－示教器电缆；7－编码器电缆；8－动力电缆

图 1.9　机器人基本组成

1.3.1　工业机器人本体

工业机器人本体是工业机器人的支承基础，也是工业机器人完成作业任务的执行机构。工业机器人本体主要由传动部件、机身、臂部（包括大臂和小臂）、腕部和手部五个部分组成，如图1.10所示。

1－传动部件；2－机身；3－大臂；4－小臂；5－腕部；6－手部

图 1.10　工业机器人本体

（1）传动部件：包括各种驱动电机、减速器、齿轮、轴承、传动皮带等部件。

（2）机身及行走机构：机身又称机座，是整个工业机器人的基础部分，具有一定的刚度和稳定性。机座有固定式和移动式两类，若机座不具备行走功能，则构成固定式机器人；若机座具备移动功能，则构成移动式机器人。

（3）臂部：臂部一般由大臂、小臂（或多臂）所组成，用来支撑腕部和手部，实现较大的运动范围。

（4）腕部：腕部位于工业机器人末端执行器和臂部之间，腕部主要帮助手部呈现期望的姿态，扩大臂部的活动范围。

（5）手部：手部又称末端执行器，是工业机器人执行任务的工具，一般安装于工业机器人末端法兰。根据应用功能的不同，手部可以分为夹钳式、吸附式、专用手部工具和工具快换装置等多种形式。

1.3.2　控制柜

控制柜是工业机器人的指挥中枢，通过驱动器驱动执行机构的各个关节按所需的顺序、沿着确定的位置或轨迹运动，完成特定的作业。本书中各任务所用的控制柜为ABB生产的IRC5 Compact控制柜，如图1.11所示。IRC5 Compact控制柜包括电源开关、模式切换旋钮、急停按钮、抱闸按钮、伺服上电按钮、I/O端子排、动力电缆、编码器电缆和示教器电缆等。

图 1.11　IRC5 Compact 控制柜

（1）示教器电缆：示教器与工业机器人控制柜的通信连接。

（2）I/O端子排：I/O接口，与外部I/O通信。

（3）模式切换旋钮：用于切换工业机器人的自动运行与手动运行。

（4）急停按钮：工业机器人的紧急制动。

（5）抱闸按钮：按下按钮后，工业机器人的所有关节失去抱闸功能，便于拖动示教工业机器人或工业机器人离开碰撞点，避免二次碰撞，损坏工业机器人。

（6）伺服上电按钮：主要用在自动模式下。

（7）电源开关：控制工业机器人设备电源的通断。

（8）编码器电缆：工业机器人六轴伺服电机编码器的数据传输。

（9）动力电缆：工业机器人伺服电机的动力供应。

1.3.3　示教器

示教器是人与工业机器人交互的平台，用于执行与操作工业机器人系统有关的许多任务：编写程序、运行程序、修改程序、手动操作、参数配置、监控工业机器人状态等。

示教器包括使能按键、触摸屏、触摸笔、急停按钮、操作杆和一些功能按钮，如图1.12所示。

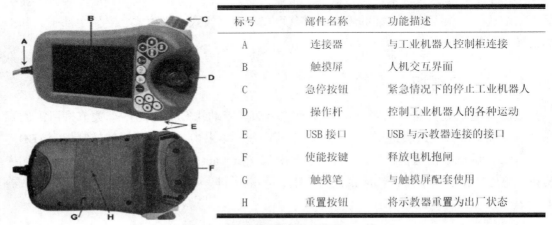

标号	部件名称	功能描述
A	连接器	与工业机器人控制柜连接
B	触摸屏	人机交互界面
C	急停按钮	紧急情况下的停止工业机器人
D	操作杆	控制工业机器人的各种运动
E	USB 接口	USB 与示教器连接的接口
F	使能按键	释放电机抱闸
G	触摸笔	与触摸屏配套使用
H	重置按钮	将示教器重置为出厂状态

图 1.12　示教器部件

在操作工业机器人时通常是左手持示教器，右手进行操作。如果需要使用右手手持，可在系统中旋转显示画面，如图1.13所示。

（a）示教器正面手持示意图　　　　　　（b）示教器反面手持示意图

图 1.13　示教器手持方式

在手动模式下必须按下使能按键来释放电机抱闸从而使工业机器人能够动作。使能按键是3位选择开关，位于示教器的侧面。按到中间位置，能够释放电机抱闸。当放开或按到底部时，电机抱闸都会闭合，从而锁住工业机器人，如图1.14所示。

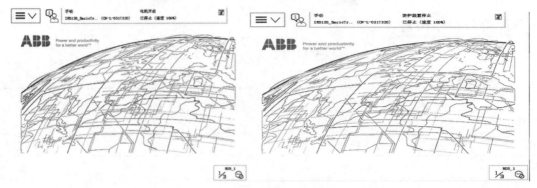

图 1.14   示教器使能界面

示教器的操作杆在示教器的右侧，如图1.15所示。操作杆可以进行上下、左右、斜角、旋转等操作，共10个方向。斜角操作相当于相邻的两个方向的合成动作。操作者在使用操作杆时，必须注意时刻观察工业机器人的动作。

操作杆的摇摆幅度与工业机器人的运动速度相关。幅度越小，则工业机器人的运动速度越慢；幅度越大，则工业机器人的运动速度越快。因此，在操作不熟练的时候尽量以小幅度操作工业机器人慢慢运动，待熟练后再逐渐增加速度为宜。

图 1.15   示教器的操作杆

1.3.4   连接电缆

工业机器人使用的连接电缆主要有电源电缆、示教器电缆、控制电缆和编码器电缆，其中电源电缆用于给工业机器人控制柜提供电源；示教器电缆用于连接示教器和控制柜；控制电缆和编码器电缆用于连接工业机器人本体和控制柜。

本书任务中所使用的是 ABB IRB 120紧凑型工业机器人，其负载为3kg，工作范围为580mm。该型号机器人具有敏捷、紧凑、轻量的特点，控制精度与路径精度俱优，是物料搬运与装配应用的理想选择，主要应用于装配、上下料、物料搬运、包装、涂胶密封。

任务评价与自学报告

1. 任务单

姓名		工作名称	
班级		小组成员	
指导教师		分工内容	
计划用时		实施地点	
完成日期		备注	
准备工作			
资料	工具	设备	
工作内容与实施			
工作内容	实施		
1. 工业机器人本体，由哪几部分组成			
2. 示教器的使用方法			
3. 连接电缆由哪几部分组成			
4. 控制柜上的按钮功能是什么			

2. 评价

1）自我评价

序号	评价项目	是	否
1	是否明确人员的职责		
2	是否按时完成工作任务的准备部分		
3	着装是否规范		
4	是否主动参与工作现场的清洁和整理工作		
5	是否主动帮助同学		
6	是否完成了清洁工作和维护工具的摆放		
7	是否执行"6S"规定		
8	能否操作工业机器人		
9	能否遵守安全原则和规程		
评价人		分数	时间

2）小组评价

序号	评价项目	评价情况
1	与其他同学的沟通	
2	是否尊重他人	
3	工作态度是否积极主动	
4	是否服从教师的安排	
5	着装是否符合标准	
6	能否正确地理解他人提出的问题	
7	能否按照安全和规范的规程操作	
8	能否保持工作环境的干净整洁	
9	是否遵守工作场所的规章制度	
10	是否有工作岗位的责任心	
11	是否全勤	
12	是否能正确对待肯定和否定的意见	
13	团队工作中的表现如何	
14	是否达到任务目标	
15	存在的问题和建议	

3）教师评价

课程名称		工作名称		完成地点	
姓名		小组成员			
序号	项目			分值	得分
1	简答题			30	
2	控制柜的按钮的作用			30	
3	示教器的按键及界面的使用			40	

4）工作评价

	评价内容				
	完成的质量 （60分）	技能提升能力 （20分）	知识掌握能力 （10分）	团队合作 （10分）	备注
自我评价					
小组评价					
教师评价					

自学报告

自学任务	ABB 工业机器人的操作
自学内容	
收获	
存在的问题	
改进措施	
总结	

习题

一、选择题

1. 在中国，焊接机器人占据汽车制造业的工业机器人总量的（　　）。

    A．30%以上　　　　B．40%以上　　　　C．50%以上　　　　D．80%以上

2. 工业机器人在我国烟草行业的应用出现在（　　）。

    A．20 世纪 70 年代　　　　　　　B．20 世纪 80 年代

    C．20 世纪 90 年代　　　　　　　D．21 世纪

3. 目前工业机器人在市场上应用最广的是（　　）。

    A．电子电气行业　　　　　　　　B．汽车制造业

    C．橡胶及塑料工业　　　　　　　D．铸造行业

4. 一个机器人系统最多可以配置（　　）台机器人本体。

    A．1　　　　　　B．2　　　　　　C．3　　　　　　D．4

5. 在机器人的定义中，突出强调的是（　　）。

    A．具有人的形象　　　　　　　　B．模仿人的功能

    C．像人一样的思维　　　　　　　D．感知能力很强

6. 生产工业机器人主要以国外企业为主，其中占据市场份额较大的四大家族的企业不包括（　　）。

    A．瑞典 ABB　　　　　　　　　　B．德国 KUKA

C. 日本安川电机   D. 广州数控

7. 目前在中国从事工业机器人研发和生产的国际企业是（　　）。

    A. 瑞典 ABB   B. 德国 KUKA

    C. 日本安川电机   D. 日本发那科

8. 世界上第一台工业机器人发明于（　　）。

    A. 1973 年   B. 1974 年   C. 1975 年   D. 1976 年

9. ABB工业机器人全球业务设立在（　　）。

    A. 纽约   B. 广州   C. 上海   D. 伦敦

10. 下列不是工业机器人的特点的是（　　）。

    A. 可编程   B. 拟人化   C. 机电一体化   D. 人性化

11. 目前最小的ABB工业机器人质量是（　　）。

    A. 20kg   B. 24kg   C. 25kg   D. 30kg

12. 全球第一大机器人市场是（　　）。

    A. 中国   B. 美国   C. 日本   D. 德国

13. 工业4.0的概念是在（　　）提出的。

    A. 中国   B. 美国   C. 日本   D. 德国

14. 早期的工业机器人主要运用于（　　）作业中。

    A. 焊接   B. 搬运   C. 电子装配   D. 喷涂

15. ABB推出的一款全球最快的码垛机器人是（　　）。

    A. IRB 120   B. IRB 140   C. IRB 460   D. IRB 1400

16. 目前ABB工业机器人有效载荷最高的是（　　）。

    A. IRB 1410   B. IRB2600   C. IRB260   D. IRB8700

17. 机器人控制柜发生火灾，必须使用何种灭火方式？（　　）

    A. 浇水   B. 二氧化碳灭火器 C. 泡沫灭火器   D. 沙子

18. ABB工业机器人通常外部有（　　）紧急停止按钮。

    A. 1个   B. 2个   C. 3个   D. 4个

19. ABB工业机器人的主电源开关在什么位置？（　　）

    A. 机器人本体上 B. 示教器上   C. 控制柜上   D. 需外接

20. ABB IRB 1410型号的机器人，制动闸释放按钮可以控制几个轴？（　　）

    A. 1个   B. 3个   C. 4个   D. 6个

21. 关闭机器人控制柜电源后必须等（　　）分钟后才可以再次开机。

    A. 1   B. 2   C. 5   D. 10

22. 工业机器人的主电源开关包含几个挡位？（　　）

    A. 1个   B. 2个   C. 3个   D. 自定义

23. 当机器人系统出错或崩溃时，应（　　）。

A. 重启
B. 重置 RAPID

C. 重置系统
D. 恢复到上次自动保存的状态

24. 恢复机器人系统到出厂状态应（　　）。

A. 重置系统　　　　B. 重置 RAPID　　　　C. 返厂　　　　　　D. 直接重启

25. 当出现系统故障时，最有效的操作方式是（　　）。

A. 关机
B. 重置系统

C. 返厂
D. 重新安装系统

26. 下列情况需要重新启动机器人系统的是（　　）。

A. 更改了机器人系统的配置参数

B. RAPID 程序出现程序故障

C. RAPID 程序出现奇点

D. 出现系统故障（SYSFAIL）

二、判断题

1. 在中国，焊接机器人占据汽车制造业的工业机器人总量的40%以上。（　）

2. 工业机器人在我国烟草行业的应用出现在21世纪。（　）

3. 一个机器人系统只能配置一台机器人本体。（　）

4. 目前工业机器人在市场上应用最广的是汽车行业。（　）

5. 目前工业机器人在市场上应用最广的是电子电气行业。（　）

6. 目前世界工业界应用最多的是四轴机器人。（　）

7. 目前世界工业界应用最多的是六轴机器人。（　）

8. 世界上第一台工业机器人发明于1973年。（　）

9. ABB集团总部位于美国。（　）

10. ABB工业机器人全球业务设立在上海。（　）

11. ABB工业机器人全球业务设立在纽约。（　）

12. ABB集团于1998年呈现在人们视野内。（　）

13. 目前ABB、库卡、安川、三菱四大家族占据了大部分机器人市场。（　）

14. 工业机器人的定义就是代替人类劳动的通用机器。（　）

15. 目前最小的ABB工业机器人质量是24kg。（　）

16. 工业4.0的概念是在美国提出的。（　）

17. 全球第一大机器人市场是中国。（　）

18. 2013年，全球工业机器人销售量增长10%。（　）

19. 第一台工业机器人发明于1960年。（　）

20. 早期的工业机器人主要运用于电子装配作业中。（　）

21. ABB推出的一款全球最快的码垛机器人是IRB 120。（　）

22. 目前 ABB 工业机器人有效载荷最高可达到 800kg。（　　）

23. 急停开关（E-Stop）不允许被短接。（　　）

24. 当机器人处于自动模式下时，不允许进入其运动所及的区域。（　　）

25. 在意外或不正常情况下，均可使用"E-Stop"键，停止运行。（　　）

26. 在编程、测试及维修时必须注意即使在低速时，机器人仍然是非常有利的，其动量很大，必须将机器人置于手动模式。（　　）

27. 在不用移动机器人及运行程序时，必须及时释放智能按钮。（　　）

28. 调试人员在进入机器人工作区域时，需随身携带示教器，以防他人无意误操作。（　　）

29. 在得到停电通知时，要预先关断机器人的主电源及气源。（　　）

30. 突然来电后，要赶在来电之前预先关闭机器人的主电源。（　　）

31. 维修人员必须保管好机器人钥匙，严禁非授权人员在手动模式下进入机器人软件系统，随意翻阅或修改程序及参数。（　　）

32. 机器人控制柜发生火灾，必须使用沙子方式灭火。（　　）

33. 关闭机器人控制柜电源后必须等 2 分钟才可以再次开机。（　　）

34. 当示教器 USB 端口没有连接 USB 设备时，务必盖上保护盖。（　　）

35. 可以使用溶剂、洗涤剂或擦洗海绵清洁示教器触摸屏。（　　）

36. 工业机器人在配置完成系统参数后，无须重新启动机器人。（　　）

37. 当工业机器人长时间不用时，中间需定期开机给内部电池充电。（　　）

38. 当重启机器人系统时，需要手动将主电源关闭。（　　）

39. 当出现系统故障时，最有效的操作方式是恢复到上次自动保存的状态。（　　）

40. 恢复机器人系统到出厂状态应返厂。（　　）

41. 当机器人系统出错或崩溃时，应将其恢复到上次自动保存的状态。（　　）

42. 当 RAPID 程序出现奇点时需要重新启动机器人系统。（　　）

三、填空题

1. 目前世界工业界装机最多的工业机器人是＿＿＿＿＿＿，第二位的是＿＿＿＿＿＿。

2. 工业机器人在冶金行业的主要工作范围包括钻孔、＿＿＿＿、折弯和＿＿等加工过程。

3. 目前人们已经开发出的食品工业机器人有＿＿＿＿＿、自动午餐机器人和＿＿＿＿＿＿等。

4. 目前烟草行业使用的工业机器人有直角坐标型机器人、＿＿＿＿和＿＿＿＿。

5. 目前工业机器人在市场上应用最广的是＿＿＿＿。

6. 在中国，焊接机器人占据汽车制造业的工业机器人总量的＿＿＿＿。

7. 世界上第一台工业机器人发明于＿＿＿＿年。

8. ABB集团总部位于_____。

9. ABB集团由瑞典的_____和瑞士的_____在____年合并而成。

10. 2005年，推出的4种新型机器人是_____、_____、_____、_____。

11. ABB工业机器人全球业务设立在_____。

12. 目前最小的ABB工业机器人是_____。

13. _____年已成为中国工业机器人元年。

14. 2013年，全球工业机器人销售量增长_____。

15. 第一台工业机器人发明于_____年。

16. 工业机器人系统在高自动化、_____、_____生产制造领域得到广泛应用。

17. 我国对发展工业机器人提出大力支持是在_____纲要中。

18. 第四次工业革命是以_____、_____为主导的。

19. 工业4.0的概念是在_____提出的。

20. ABB推出的一款全球最快的码垛机器人是_____。

21. 目前ABB工业机器人有效载荷最高可达到_____。

22. 当生产过程中得到停电通知时，要预先关断机器人的_____及_____。

23. 在自动模式操作情况下，常规模式停止（GS）机制、_____和_____都将处于活动状态。

24. 从紧急停止状态恢复到正常操作时，先拉起_____按钮，然后按下_____按钮。

25. 机器人控制柜发生火灾，必须使用_____方式灭火。

26. ABB工业机器人通常外部有_____紧急停止按钮。

27. 关闭机器人控制柜电源后必须等_____才可以再次开机。

28. 机器人实际操作的第一步就是_____，只要将机器人控制柜上的总电源旋钮_____从"OFF"钮转到"ON"钮即可。

29. 在关闭机器人系统时，只需将机器人控制柜上的总电源旋钮_____从"ON"钮转到"OFF"钮即可。

30. 当选择关闭主计算机的选项时，应在控制器_____故障时使用。

31. 恢复机器人系统到出厂状态应_____。

32. 出现系统故障时，最有效的操作方式是_____。

33. 关机后重新启动机器人需等待时间为_____。

34. 工业机器人应用编程人员需要配备_____、_____、_____、_____等常用安全护具。

35. 工业机器人主要由_____、_____、_____和连接电缆部件构成。

36. 工业机器人本体由_____、_____、臂部、_____等组成。

37. _____位于工业机器人末端执行器和臂部之间，腕部主要帮助手部呈现期望的姿态，扩大臂部活动范围，增加工业机器人的自由度。

38. 机身又称_____，是整个工业机器人的支持部分，具有一定的刚度和稳定性。

39. 机座有_____两类，若机座不具备行走功能，则构成固定式机器人；若机座具备移动机构，则构成移动式机器人。

40. _____是人与工业机器人交互的平台，用于执行与操作工业机器人系统有关的许多任务。

41. 工业机器人示教器可以完成多项任务，主要包括_____、运行程序、修改程序、手动操纵、参数配置、监控工业机器人状态等。

42. 工业机器人操作时通常是_____手持示教器，_____手进行操作。

43. 操作杆可以进行上下、左右、斜角、旋转等操作，共_____方向。斜角操作相当于相邻的两个方向的合成动作。

44. _____是为确定机器人的位置和姿态而在机器人或其他空间上设定的位姿指令系统。工业机器人上的坐标系包括六种：大地坐标系（World Coordinate System）、基坐标系（Base Coordinate System）、关节坐标系（Joint Coordinate System）、工具坐标系（Tool Coordinate System）、工件坐标系（Work Object Coordinate System）、用户坐标系（User Coordinate System）。

45. 工业机器人_____坐标系用来描述机器人每一个独立关节的运动，每一个关节具有一个自由度，一般由一个伺服电机控制。

46. 当操作机器人的示教器时，在_____模式下无法通过使能按键获得使能。

四、问答题

1. 面向工业领域的机器人一般应用于哪些方面？至少列举6种。

2. 工业机器人被广泛应用于家用电器生产行业的原因是什么？

3. 请列举至少4种应用于化工行业的主要洁净机器人和自动化设备。

4. 在铸造行业，机器人代替人工的原因是什么？

5. 工业机器人的定义是什么？工业机器人的特点有哪些？

项目2 工业机器人手动操作

项目引入

工业机器人的编程与其他的传统编程是有一定区别的，编程者不仅要学习编程语言，熟悉指令、程序结构等知识，还需要进行点位的示教。也就是说，编程者还要亲自操作机器人到达某一个点，并修改位置，使机器人程序记录下来，最后机器人才能够根据你的程序和点位数据进行自动运行。所以熟练地操作机器人进行点位的示教非常重要，一定要熟练掌握。大部分人只侧重编程语言的学习，而忽视了手动操作的重要性，所以一定要避免这个误区。

技能与素质要求

技能要求	素质要求
1. 掌握工业机器人示教器的快捷键的作用	1. 培养学生对知识的总结和深入思考的能力
2. 掌握工业机器人坐标系	2. 培养学生安全意识、工程意识、绿色生产意识
3. 掌握工业机器人的关节运动	3. 培养学生的自主探究能力和团队协作能力
4. 掌握 ABB 工业机器人的线性运动	4. 培养学生精益求精的工匠精神
5. 掌握工业机器人的重定位运动	
6. 会设定示教器的时间与语言	
7. 能进行数据备份与恢复	
8. 了解坐标系的概念及种类	

思政案例

"珍爱生命，安全第一"这几个字写起来容易，但是做起来却很难！是啊！生命只有一次，生命是世上无可比拟的财富。既然降生为人，有谁不愿笑口常开？有谁不愿幸福快乐？安全就如一根七彩的丝线把我们这一个个美好的愿望连接起来，构成一个稳定、祥和、五彩缤纷的世界。我们虽然不能完全消除事故，但是可以尽量避免事故的发生。

国家的安全是国泰，民众的安全是民安。有了安全，我们才能坐在教室里安静地学习；有了安全，我们才能安心地工作；有了安全，我们的家庭才会幸福、平安；有了安全，我们的国家才会繁荣富强。安全犹如一根根长长的纽带，联系着我们的生死存亡。

人的生命是脆弱的，生命如果发生什么意外，会留下永远的伤痕；健全的身体一旦失去，将无法挽回。我们要充分认识到，安全不仅关系到我们自己，关系到公司，关系到家庭，安全同时也维系着我们整个社会、整个国家和整个民族。因此，每一个人都不能也不应该忘记安全与生命是紧紧联系在一起的，关注安全就是关注生命，关注安全就是关注我们自己。

人生道路漫漫长，悠悠岁月需平安。我在国内货运部中转室工作，作为中转员及兼职驾驶员，平时积极参加安全学习，努力做好各项工作，注意查找工作中的各项安全隐患，尤其是在货物中转流程中，认真做好每个细节。作为兼职驾驶员，我每天上班时都要仔细检查车辆，在机坪行驶过程中，严格按照相关规定操作，不开斗气车、违规车等，做好自己的本职工作，使自己能开开心心上班，安安全全下班。

安全是关系到我们每一个人的切身利益的，所以我们一定要把安全工作做好，这样做既是为了自己，也是为了他人。

任务 2.1　ABB 工业机器人示教器介绍

任务引入

示教器又叫示教编程器，是机器人控制系统的核心部件，是一个用来注册和存储机械运动或处理记忆的设备，该设备是由电子系统或计算机系统执行的。简单来讲，示教器就是我们工业机器人带有记忆存储功能的遥控器。在机器人到货后，不管是工程师对机器人进行初开机测试，还是后期我们在自己使用的过程中，示教器都是必不可少的。目前大部分机器人品牌都有着自己的示教器，还有一部分国产机器人搭载卡诺普系统，使用的是卡诺普配套的示教器。ABB工业机器人的示教器由显示触摸屏、功能按键、控制摇杆、使能按键、急停按钮、USB接口、触控笔组成。

在操作ABB工业机器人的示教器时用到最多的功能就是模式切换：手动模式、自动模式。在手动模式下可以进行系统参数设置、程序的编辑、手动控制机器人的运动；在机器人调试好后投入自动模式，在此模式下示教器大部分功能被禁用。ABB工业机器人的示教器功能有很多，包括配置机器人的输入/输出、编写机器人驱动程序、查看机器人的程序数据等，绝大多数工作都可以在示教器上完成。

想要熟练地调试机器人，需要大家经常上手操作示教器，这样操作的重点和小技巧才不会忘记。此外，大家在刚刚接触操作机器人时一定要降低机器人的运动速度，避免危险发生，速度越低，机器人的可控性就越高，无论何时安全都是第一位的。

任务单

<table>
<tr><td colspan="2" align="center">任务 2.1　ABB 工业机器人示教器介绍</td></tr>
<tr>
<td rowspan="1">岗课赛证要求</td>
<td>
1. 工业机器人系统操作员岗位需求
● 能使工业机器人上电、复位，以及进入准备状态
● 能使用示教器设定工业机器人的运行模式、运行速度、坐标系
● 能使用示教器清除故障信息和操作示教器的快捷键
2. 工业机器人系统技能竞赛要求
● 对工业机器人设定好安全姿态，当工业机器人工作时，不能与周边设备发生碰撞，且工业机器人应保持安全姿态不变
● 可以正确示教工作点，不发生碰撞故障
3. "1+X"证书等级标准
● 能根据安全操作要求，使用示教器对工业机器人进行手动操作并调整工业机器人的位置点
</td>
</tr>
<tr>
<td>教学目标</td>
<td>
1. 知识与能力目标
● 掌握点动控制工业机器人的流程
● 能够使用示教器熟练操作工业机器人实现点动和连续运动
2. 过程与方法目标
● 学会手动点动操作工业机器人的方法
● 通过操作工业机器人点动和连续运动，学会归纳和总结
3. "6S"职业素养培养
● 安全生产、规范操作意识
● 正确摆放和使用工具等
● 桌面保持整洁，座椅周围无垃圾或杂物
● 下课后，离开教室时物归原主
</td>
</tr>
<tr>
<td>任务载体</td>
<td>"1+X"工业机器人编程考核平台</td>
</tr>
<tr>
<td>学习要求</td>
<td>
● 完成任务的实际操作
● 完成课后作业
● 预习下一个任务
</td>
</tr>
</table>

知识点

在示教器上，绝大多数的操作都是在触摸屏上完成的，同时也保留了必要的按钮和操作装置。工业机器人有一些快捷键，可以快速完成定位、编程等功能。接下来介绍一些快捷键，如图2.1所示。

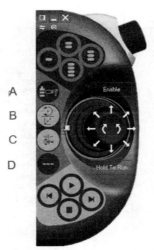

A	机器人/外轴的切换	B	线性运动/重定位运动的切换
C	关节运动轴 1-3/轴 4-6 的切换	D	增量开/关

图 2.1 示教器快捷键

2.1.1 设定示教器的显示语言

示教器在出厂时，默认的显示语言是英语，为了方便操作，下面介绍把显示语言设定为中文的操作步骤，如表2.1所示。

表 2.1 设置示教器的显示语言的操作步骤

说明	示意图
1. 单击左上角的主菜单按钮	
2. 选择"Control Panel"选项	

（续表）

说明	示意图
3. 选择"Language"选项	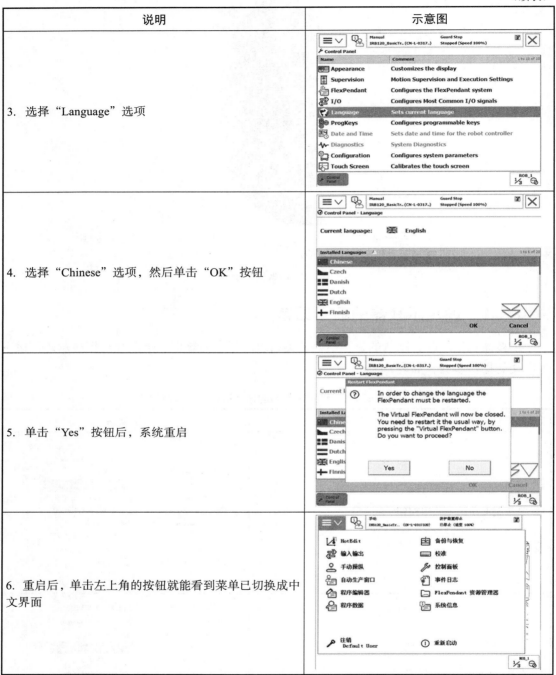
4. 选择"Chinese"选项，然后单击"OK"按钮	
5. 单击"Yes"按钮后，系统重启	
6. 重启后，单击左上角的按钮就能看到菜单已切换成中文界面	

2.1.2 设定机器人系统的时间

为了方便进行文件的管理和故障的查阅与管理，在进行各种操作之前要将机器人系统的时间设定为本地时区的时间，具体操作步骤如表2.2所示。

表 2.2　设定机器人系统的时间的操作步骤

说明	示意图
1. 单击左上角的主菜单按钮，然后选择"控制面板"选项	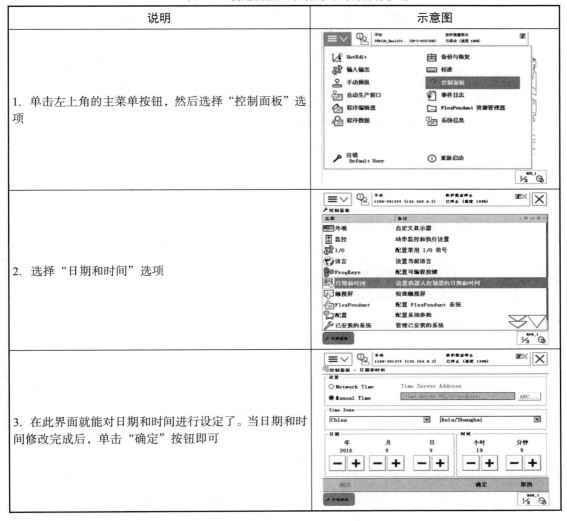
2. 选择"日期和时间"选项	
3. 在此界面就能对日期和时间进行设定了。当日期和时间修改完成后，单击"确定"按钮即可	

2.1.3　机器人数据备份

定期对ABB工业机器人的数据进行备份，是保证ABB工业机器人正常工作的良好习惯。ABB工业机器人数据备份的对象是所有正在系统内存运行的RAPID程序和系统参数。当机器人系统出现错误或者重新安装新系统以后，可以通过备份快速地把机器人恢复到备份时的状态，操作步骤如表2.3所示。

表2.3　机器人数据备份操作步骤

说明	示意图
1.　单击左上角的主菜单按钮；选择"备份与恢复"选项	
2.　单击"备份当前系统…"按钮	
3.　单击"ABC…"按钮，进行存放备份数据目录名称的设定	
4.　单击"…"按钮，选择备份存放的位置（机器人硬盘或USB存储设备）	

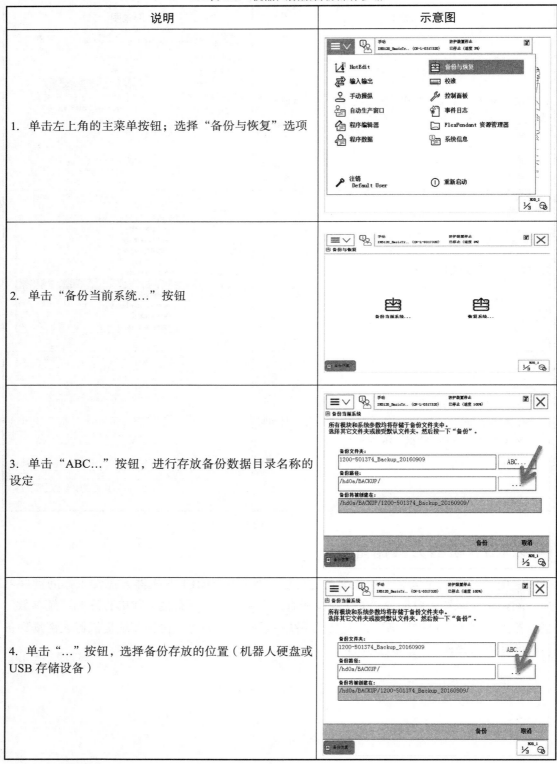

（续表）

说明	示意图
5. 单击"备份"按钮进行备份	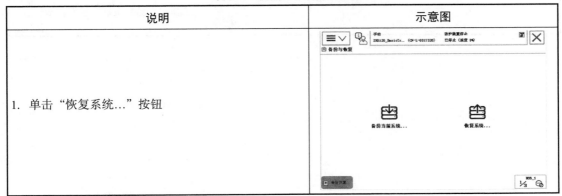
6. 等待备份的完成	

在进行备份恢复时，要注意，备份的数据具有唯一性，不能将一台机器人的备份恢复到另一台机器人中去，否则会造成系统故障。但是，也常会将程序和I/O的定义做成通用的，方便批量生产时使用。这时，可以通过分别导入程序和EIO文件（ABB工业机器人有关I/O的配置文件）来解决实际的需要，机器人恢复数据的步骤如表2.4所示。

表 2.4　机器人恢复数据的步骤

说明	示意图
1. 单击"恢复系统…"按钮	

（续表）

说明	示意图
2. 单击"…"按钮，选择备份存放的目录	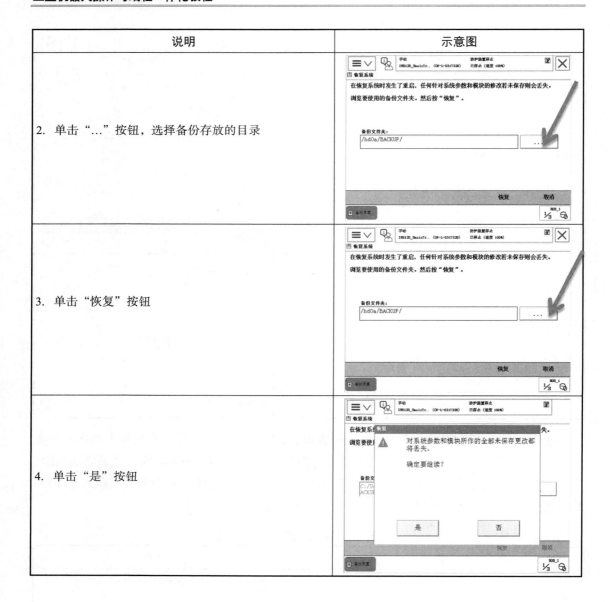
3. 单击"恢复"按钮	
4. 单击"是"按钮	

任务评价与自学报告

1. 任务单

姓名		工作名称	
班级		小组成员	
指导教师		分工内容	
计划用时		实施地点	
完成日期		备注	
准备工作			
资料	工具	设备	
工作内容与实施			
工作内容	实施		
1. 工业机器人语言、时间设置的步骤			
2. 使能按键的使用			
3. 工业机器人数据的备份			

2. 评价

1）自我评价

序号	评价项目	是	否
1	是否明确人员职责		
2	是否按时完成工作任务的准备部分		
3	着装是否规范		
4	是否主动参与工作现场的清洁和整理工作		
5	是否主动帮助同学		
6	是否完成了清洁工作和维护工具的摆放		
7	是否执行"6S"规定		
8	能否修改工业机器人的语言、时间，完成数据备份		
9	能否遵守安全原则和规程		
评价人		分数		时间	

2）小组评价

序号	评价项目	评价情况
1	与其他同学的沟通	
2	是否尊重他人	
3	工作态度是否积极主动	
4	是否服从教师的安排	
5	着装是否符合标准	
6	能否正确地理解他人提出的问题	
7	能否按照安全和规范的规程操作	
8	能否保持工作环境的干净整洁	
9	是否遵守工作场所的规章制度	
10	是否有工作岗位的责任心	
11	是否全勤	
12	是否能正确对待肯定和否定的意见	
13	团队工作中的表现如何	
14	是否达到任务目标	
15	存在的问题和建议	

3）教师评价

课程名称		工作名称		完成地点	
姓名		小组成员			
序号	项目			分值	得分
1	简答题			30	
2	修改工业机器人的显示语言、时间			30	
3	使用使能按键			30	
4	完成机器人的数据备份			10	

4）工作评价

	评价内容				
	完成的质量（60分）	技能提升能力（20分）	知识掌握能力（10分）	团队合作（10分）	备注
自我评价					
小组评价					
教师评价					

自学报告

自学任务	ABB 工业机器人的示教器的使用
自学内容	
收获	
存在的问题	
改进措施	
总结	

任务 2.2　工业机器人坐标系

任务引入

坐标系的种类有很多，常用的坐标系有笛卡尔直角坐标系、平面极坐标系、柱面坐标系和球面坐标系等。对于工业机器人操作，主要使用的是关节坐标系、基坐标系、大地坐标系、工具坐标系、用户坐标系、工件坐标系等。

基坐标系是以机器人安装基座为基准，用来描述机器人本体运动的直角坐标系。任何机器人都离不开基坐标系，该坐标系也是机器人工具中心点在三维空间中运动所必需的基本坐标系（面对机器人前后：X轴，左右：Y轴，上下：Z轴）。

大地坐标系是以大地作为参考的直角坐标系。在多个机器人联动时，带有外轴的机器人会用到，90%的大地坐标系与基坐标系是重合的。但是在以下两种情况下，大地坐标系与基坐标系不重合：（1）机器人倒装。倒装机器人的基坐标与大地坐标Z轴的方向是相反的，机器人可以倒过来，但是大地却不可以倒过来。（2）带外部轴的机器人。大地坐标系固定好位置，而基坐标系却可以随着机器人整体的移动而移动。

工具坐标系是以工具中心点作为零点，机器人的轨迹参照工具中心点，不再是机器人手腕中心点（Tool0）了，而是新的工具中心点。例如，在焊接时，我们所使用的工具是焊枪，所以可把工具坐标移植为焊枪的顶点。而在用吸盘吸工件时使用的是吸盘，所以我们可以把工具坐标移植到吸盘的表面。

工件坐标系是以工件为基准的直角坐标系，可用来描述工具中心点运动的坐标系。

任务单

任务 2.2 　工业机器人坐标系	
岗课赛证要求	1. 工业机器人系统操作员岗位需求 ● 　能利用关节坐标系、基坐标系、工具坐标系、用户坐标系等运动坐标系操作工业机器人 2. 工业机器人系统技能竞赛要求 ● 　按照工艺流程选取合适的坐标系，演示效果 3. "1+X"证书等级标准 ● 　会使用各种坐标系 ● 　能选择合适的坐标系操作工业机器人，并能实现效果
教学目标	1. 知识与能力目标 ● 　熟悉工业机器人运动轴与坐标系 ● 　能够熟练进行工业机器人运动轴与坐标系的选择 2. 过程与方法目标 ● 　通过了解坐标系的概念，能熟练操作工业机器人 3. "6S"职业素养培养 ● 　安全生产、规范操作意识 ● 　正确摆放和使用工具等 ● 　桌面保持整洁，座椅周围无垃圾或杂物 ● 　下课后，离开教室时物归原主
任务载体	"1+X"工业机器人编程考核平台
学习要求	● 　完成任务的实际操作 ● 　完成课后作业 ● 　预习下一个任务

知识点

坐标系是为确定机器人的位置和姿态而在机器人或其他空间上设定的位姿指标系统。工业机器人上的坐标系包括六种：大地坐标系（World Coordinate System）、基坐标系（Base Coordinate System）、关节坐标系（Joint Coordinate System）、工具坐标系（Tool Coordinate System）、工件坐标系（WorkObject Coordinate System）、用户坐标系（User Coordinate System）。

工业机器人关节坐标系用来描述机器人每一个独立关节的运动，每一个关节具有一个自由度，一般由一个伺服电机控制，如图2.2所示。当机器人的关节与0度刻度标记位置对齐时，为该关节的0度位置，仔细观察机器人每个关节，均有0度刻度标记位置。

关节坐标系的表示方法：$P=(J1,J2,J3,J4,J5,J6)$；其中$J1$，$J2$，$J3$，$J4$，$J5$，$J6$ 分别表示六个关节的角度位置，单位为度，如图2.2所示。此处需要说明的是，六个关节的角度并非都是0°～360°，不同的机器人型号，每个关节的运动范围是一定的，具体可以参考相关型号机器人的参数。

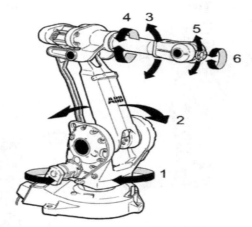

图 2.2　工业机器人各个轴的位置

2.2.1　工业机器人基坐标系

基坐标系在机器人基座中有相应的零点，如图2.3所示。这使固定安装的机器人的移动具有可预测性。因此，它对于将机器人从一个位置移动到另一个位置很有帮助。对于机器人编程来说，其他如工件坐标系等坐标系通常是最佳选择。

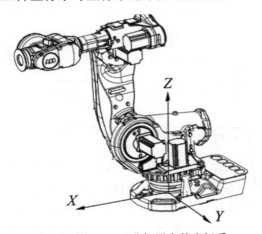

图 2.3　工业机器人基坐标系

在正常配置的机器人系统中，当你站在机器人的前方并在基坐标系中微动控制，将控制杆拉向自己一方时，机器人将沿X轴方向移动；当向两侧移动控制杆时，机器人将沿Y轴方向移动。当扭动控制杆时，机器人将沿Z轴方向移动。

2.2.2　工业机器人大地坐标系

大地坐标系在工作单元或工作站中的固定位置有其相应的零点，如图2.4所示。这有助于处理若干个机器人或由外轴移动的机器人。在默认情况下，大地坐标系与基坐标系是一致的。

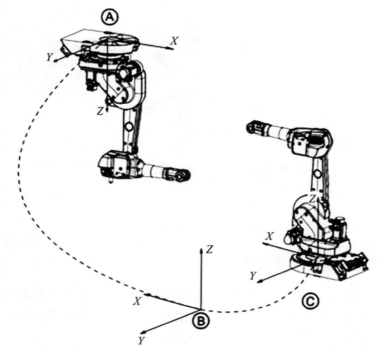

A	机器人 1 基坐标系
B	大地坐标系
C	机器人 2 基坐标系

图 2.4　工业机器人大地坐标系与基坐标系

2.2.3　工业机器人工件坐标系

工业机器人工件坐标系（如图2.5所示）对应工件：它定义工件相对于大地坐标系（或其他坐标系）的位置。工件坐标系必须定义于两个框架：用户框架（与大地基座相关）和工件框架（与用户框架相关）。机器人可以拥有若干个工件坐标系，或者表示不同工件，或者表示同一工件在不同位置的若干副本。对机器人进行编程时就是在工件坐标系中创建目标和路径，这带来很多优点。当重新定位工作站中的工件时，你只需更改工件坐标系的位置，所有路径将即刻随之更新。允许操作以外轴或传送导轨移动的工件，因为整个工件可连同其路径一起移动。

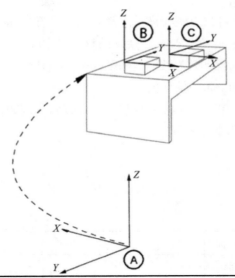

A	大地坐标系
B	工件坐标系 1
C	工件坐标系 2

图 2.5　工业机器人工件坐标系

2.2.4　工业机器人工具坐标系

工业机器人工具坐标系（如图2.6所示）将工具中心点设为零位，它会由此定义工具的位置和方向。工具坐标系经常被缩写为TCPF（Tool Center Point Frame），而工具坐标系中心缩写为TCP（Tool Center Point）。

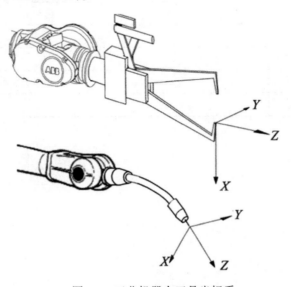

图 2.6　工业机器人工具坐标系

在执行程序时，机器人就是将TCP移至编程位置。这意味着，如果你要更改工具（以及工具坐标系），机器人的移动将随之更改，以便新的TCP到达目标。

所有机器人在手腕处都有一个预定义工具坐标系，该坐标系被称为tool0。这样就能将一个或多个新工具坐标系定义为tool0的偏移值。

在微动控制机器人时，如果你不想在移动时改变工具方向（例如，当移动锯条时不使其弯曲），那么工具坐标系就显得非常有用。

任务评价与自学报告

1. 任务单

姓名		工作名称	
班级		小组成员	
指导教师		分工内容	
计划用时		实施地点	
完成日期		备注	
准备工作			
资料	工具	设备	
工作内容与实施			
工作内容		实施	
1. 基坐标系的表示方法			
2. 大地坐标系的表示方法			
3. 工件坐标系的表示方法			
4. 工具坐标系的表示方法			
5. 用户坐标系的表示方法			

2. 评价

1) 自我评价

序号	评价项目	是	否
1	是否明确人员职责		
2	是否按时完成工作任务的准备部分		
3	着装是否规范		
4	是否主动参与工作现场的清洁和整理工作		
5	是否主动帮助同学		
6	是否完成了清洁工作和维护工具的摆放		
7	是否执行"6S"规定		
8	是否设置工件坐标系、工具坐标系、用户坐标系		
9	能否遵守安全原则和规程		
评价人	分数	时间	

2) 小组评价

序号	评价项目	评价情况
1	与其他同学的沟通	
2	是否尊重他人	
3	工作态度是否积极主动	
4	是否服从教师的安排	
5	着装是否符合标准	
6	能否正确地理解他人提出的问题	
7	能否按照安全和规范的规程操作	
8	能否保持工作环境的干净整洁	
9	是否遵守工作场所的规章制度	
10	是否有工作岗位的责任心	
11	是否全勤	
12	是否能正确对待肯定和否定的意见	
13	团队工作中的表现如何	
14	是否达到任务目标	
15	存在的问题和建议	

3）教师评价

课程名称		工作名称		完成地点	
姓名		小组成员			
序号	项目			分值	得分
1	简答题			20	
2	基坐标系表示的含义			20	
3	工具坐标系的含义			20	
4	工件坐标系的含义			20	
5	用户坐标系的含义			20	

4）工作评价

	评价内容				
	完成的质量 （60分）	技能提升能力 （20分）	知识掌握能力 （10分）	团队合作 （10分）	备注
自我评价					
小组评价					
教师评价					

自学报告

自学任务	ABB工业机器人的坐标系的设置步骤
自学内容	
收获	
存在的问题	
改进措施	
总结	

任务 2.3　机器人关节运动操作

任务引入

　　关节是机器人最重要的基础部件之一，也是运动的核心部件。机器人的所有动作都离不开关节，柔性关节对机器人的重要性不言而喻。机器人关节处的减速传动，要求传动链短、体积小、功率大、质量轻和易于控制。同时，对于中高载荷的工业机器人，还需要足够的刚度、回转精度和运动精度稳定性。机器人关节模组是高度集成的一体化设计模块化关节，能快速实现机器人功能化要求和实用化目标。只需要使用机器人关节模组，就可以快速地组装出来一款新型号的机器人产品，大大降低了机器人生产的研发门槛。省掉了上百种机械电子器件的选型、设计、采购、组装的人力和时间成本，快速组建自己的机器人。机器人需要高强度重复运动，关节的好坏就决定了工业机器人动力传动与运动变换的精度、可靠性和使用寿命。

任务单

任务 2.3　工业机器人的关节操作	
岗课赛证要求	1. 工业机器人系统操作员岗位需求 ● 　熟练操作机器人，以合适的姿态到达指定位置，并且不能发生碰撞 2. 工业机器人系统技能竞赛要求 ● 　设定好工业机器人的安全姿态，当移动工业机器人时，不能与周边设备发生碰撞 3. "1+X"证书等级标准 ● 　能根据安全操作的要求，使用示教器对工业机器人进行关节操作，并能调整工业机器人的位置点
教学目标	1. 知识与能力目标 ● 　掌握工业机器人的关节操作流程 2. 过程与方法目标 ● 　学会工业机器人的关节操作方法 ● 　能够使用示教器熟练操作工业机器人实现点动和连续动作 3. "6S"职业素养培养 ● 　安全生产、规范操作意识 ● 　正确摆放和使用工具等 ● 　桌面保持整洁，座椅周围无垃圾或杂物 ● 　下课后，离开教室时物归原主
任务载体	"1+X"工业机器人编程考核平台
学习要求	● 　完成任务的实际操作 ● 　完成课后作业 ● 　预习下一个任务

知识点

ABB六轴工业机器人是由六个转轴组成的空间六杆开链机构，理论上可达到运动范围内空间的任何一个点；每个轴均由AC伺服电机驱动，每一个电机后均有编码器；每个轴均带有一个齿轮箱，机械手的运动精度可达±0.05mm～±0.2mm；设备带有24VDC（24V的直流电源），机器人均带有平衡气缸和弹簧；带有手动松闸按钮，用于维修时使用；串口测量板（SMB）带有六节可充电的镍镉电池，起到保存数据的作用。机器人关节运动操作步骤如表2.5所示。

表2.5　机器人关节运动操作步骤

说明	示意图
1. 将控制柜上的机器人状态钥匙切换到手动限速状态（小手标志）	
2. 在状态栏中，确认机器人的状态已切换为"手动"	
3. 单击左上角的主菜单按钮	
4. 选择"手动操纵"选项	

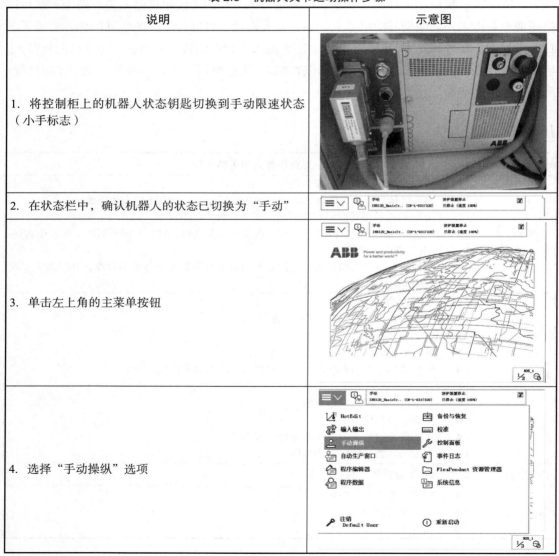

（续表）

说明	示意图
5. 选择"动作模式"选项	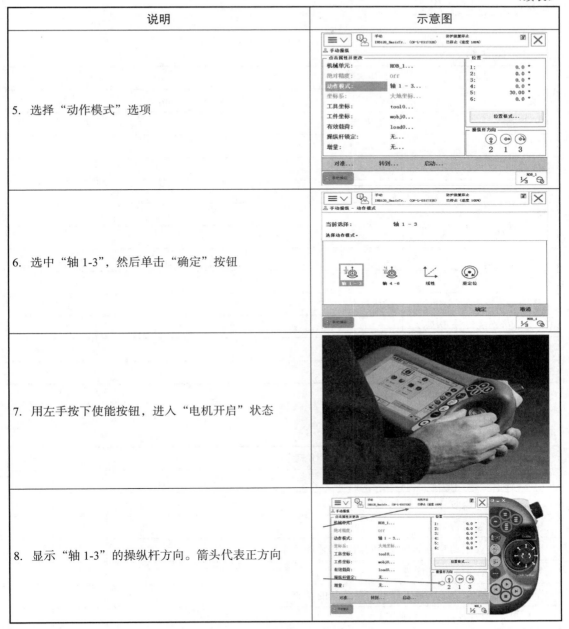
6. 选中"轴 1-3"，然后单击"确定"按钮	
7. 用左手按下使能按钮，进入"电机开启"状态	
8. 显示"轴 1-3"的操纵杆方向。箭头代表正方向	

　　操纵杆的使用技巧，可以将机器人的操纵杆比作汽车的节气门，操纵杆的操纵幅度是与机器人的运动速度相关的。操纵幅度较小，则机器人运动速度较慢。操纵幅度较大，则机器人运动速度较快。所以大家在操作时，尽量以小幅度操纵使机器人慢慢运动来开始手动操纵学习。

任务评价与自学报告

1. 任务单

姓名		工作名称	
班级		小组成员	
指导教师		分工内容	
计划用时		实施地点	
完成日期		备注	
准备工作			
资料	工具	设备	
工作内容与实施			
工作内容		实施	
1. 关节运动的操作步骤			
2. 什么是姿态			
3. 写出各轴运动的角度范围			

2. 评价

1）自我评价

序号	评价项目	是	否
1	是否明确人员职责		
2	是否按时完成工作任务的准备部分		
3	着装是否规范		
4	是否主动参与工作现场的清洁和整理工作		
5	是否主动帮助同学		
6	是否完成了清洁工作和维护工具的摆放		
7	是否执行"6S"规定		
8	是否会工业机器人的关节操作步骤		
9	能否遵守安全原则和规程		
评价人		分数	时间	

2）小组评价

序号	评价项目	评价情况
1	与其他同学的沟通	
2	是否尊重他人	
3	工作态度是否积极主动	
4	是否服从教师的安排	
5	着装是否符合标准	
6	能否正确地理解他人提出的问题	
7	能否按照安全和规范的规程操作	
8	能否保持工作环境的干净整洁	
9	是否遵守工作场所的规章制度	
10	是否有工作岗位的责任心	
11	是否全勤	
12	是否能正确对待肯定和否定的意见	
13	团队工作中的表现如何	
14	是否达到任务目标	
15	存在的问题和建议	

3）教师评价

课程名称		工作名称		完成地点	
姓名		小组成员			
序号	项目			分值	得分
1	简答题			30	
2	关节操作			30	
3	姿态的概念			30	
4	各轴运动的角度范围			10	

4）工作评价

	评价内容				
	完成的质量（60分）	技能提升能力（20分）	知识掌握能力（10分）	团队合作（10分）	备注
自我评价					
小组评价					
教师评价					

自学报告

自学任务	ABB 工业机器人的关节操作
自学内容	
收获	
存在的问题	
改进措施	
总结	

任务 2.4　机器人线性运动操作

任务引入

机器人的线性运动是指安装在机器人第六轴法兰盘工具的TCP在空间中做线性运动。机器人只有一个默认的工具中心点，它位于安装法兰盘的中心。机器人线性运动适用于对路径轨迹要求高的小范围运动场合。机器人线性运动也叫直线运动，机器人工具中心点（TCP）从A点到B点，在两个点之间的路径轨迹始终保持为直线。线性运动，用于控制机器人在选择的坐标系空间中进行直线运动，便于调整机器人的位置。

知识点

机器人的线性运动是指安装在机器人第六轴法兰盘工具的TCP在空间中做线性运动。这种运动模式的特点是不改变机器人第六轴加载工具的姿态，从一个目标点直线运动至另一个目标点。以下就是手动操纵线性运动的方法，操作步骤如表2.6所示。

表 2.6　线性运动操作步骤

说明	示意图
1.　选择"手动操纵"选项	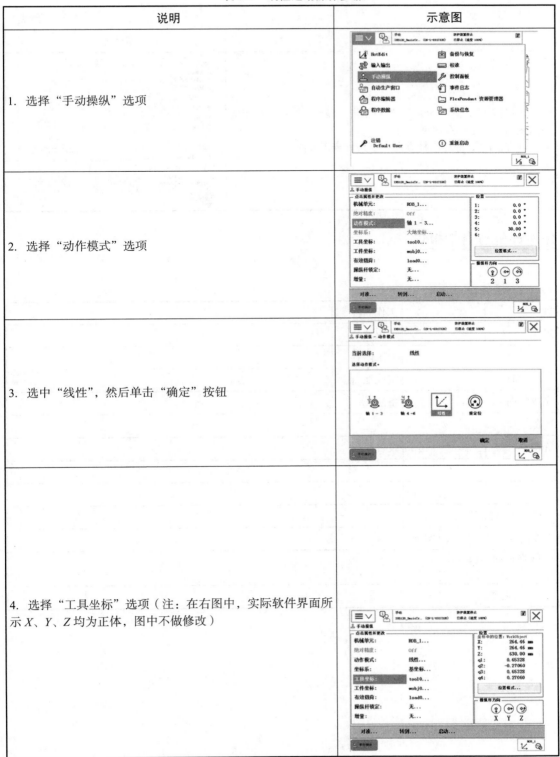
2.　选择"动作模式"选项	
3.　选中"线性",然后单击"确定"按钮	
4.　选择"工具坐标"选项（注：在右图中，实际软件界面所示 X、Y、Z 均为正体，图中不做修改）	

（续表）

说明	示意图
5. 选中对应的工具"tool0"，然后单击"确定"按钮，按钮选择默认的工具坐标系即可。 显示轴 X、Y、Z 的操纵杆方向。箭头代表正方向	

任务评价与自学报告

1. 任务单

姓名		工作名称	
班级		小组成员	
指导教师		分工内容	
计划用时		实施地点	
完成日期		备注	
准备工作			
资料	工具	设备	
工作内容与实施			
工作内容	实施		
1. 线性运动的操作步骤			
2. 什么是姿态			

2. 评价

1）自我评价

序号	评价项目	是	否
1	是否明确人员职责		
2	是否按时完成工作任务的准备部分		
3	着装是否规范		
4	是否主动参与工作现场的清洁和整理工作		
5	是否主动帮助同学		
6	是否完成了清洁工作和维护工具的摆放		
7	是否执行"6S"规定		
8	是否会线性运动的操作步骤		
9	能否遵守安全原则和规程		
评价人		分数	时间

2）小组评价

序号	评价项目	评价情况
1	与其他同学的沟通	
2	是否尊重他人	
3	工作态度是否积极主动	
4	是否服从教师的安排	
5	着装是否符合标准	
6	能否正确地理解他人提出的问题	
7	能否按照安全和规范的规程操作	
8	能否保持工作环境的干净整洁	
9	是否遵守工作场所的规章制度	
10	是否有工作岗位的责任心	
11	是否全勤	
12	是否能正确对待肯定和否定的意见	
13	团队工作中的表现如何	
14	是否达到任务目标	
15	存在的问题和建议	

3）教师评价

课程名称		工作名称		完成地点	
姓名		小组成员			
序号	项目			分值	得分
1	简答题			30	
2	线性运动的操作步骤			40	
3	什么是 TCP			30	

4）工作评价

	评价内容				
	完成的质量（60分）	技能提升能力（20分）	知识掌握能力（10分）	团队合作（10分）	备注
自我评价					
小组评价					
教师评价					

自学报告

自学任务	ABB 工业机器人的线性运动
自学内容	
收获	
存在的问题	
改进措施	
总结	

任务 2.5 工业机器人重定位运动操作

任务引入

机器人的重定位运动是指机器人第六轴法兰盘上的工具中心点在空间中绕着坐标轴旋转的运动，也可以理解为机器人绕着工具中心点做姿态调整的运动。机器人在某一平面进行姿态调整时，选择重定位运动是较为方便的。机器人控制器控制六个轴的动作是利用差补方法实现机器人终端路径行走的，六轴联动，精度很差，因此很难利用机器人行走实现高精度的直线、圆弧、面等路径。比如轴孔装配，由于机器人重复路径精度不高，轴可能会卡在孔中间，很难将轴完全插入孔内。

为了利用机器人来实现高精度的路径，我们可以借助辅助工装和机器人软浮动功能，辅助工装纠正路径，机器人提供动力，比如可以利用导轨滑块实现高精度路径，机器人提供前进的动力。

机器人重复位置精度（RP）的定义：对同一指令位姿从同一方向重复响应 n 次后实践到位姿的一致程度。

机器人重复路径精度（RT）的定义：对同一指令轨迹重复 n 次后实践到轨迹的一致程度。

任务单

任务 2.5 工业机器人重定位操作	
岗课赛证要求	1. 工业机器人系统操作员岗位需求 ● 熟练操作机器人，以合适的姿态到达指定位置，并且不能发生碰撞 2. 工业机器人系统技能竞赛要求 ● 设定好工业机器人的安全姿态，当移动工业机器人时，不能与周边设备发生碰撞 3. "1+X"证书等级标准 ● 能根据安全操作的要求，使用示教器对工业机器人进行重定位操作
教学目标	1. 知识与能力目标 ● 掌握工业机器人的重定位操作流程 2. 过程与方法目标 ● 学会重定位操作机器人方法 ● 能够使用示教器熟练操作工业机器人实现点动和连续动作 3. "6S"职业素养培养 ● 安全生产、规范操作意识 ● 正确摆放和使用工具等 ● 桌面保持整洁，座椅周围无垃圾或杂物 ● 下课后，离开教室时物归原主
任务载体	"1+X"工业机器人编程考核平台
学习要求	● 完成任务的实际操作 ● 完成课后作业 ● 预习下一个任务

知识点

机器人的重定位运动是指机器人第六轴法兰盘上的工具中心点在空间中绕着坐标轴旋转的运动，也可以理解为机器人绕着工具中心点做姿态调整的运动。以下是手动操纵重定位运动的方法，操作步骤如表2.7所示。

表 2.7　重定位运动的操作步骤

说明	示意图
1. 选择"手动操纵"选项，选择"动作模式"选项，选中"重定位"，然后单击"确定"按钮	
2. 选择"坐标系"选项	
3. 选择"工具坐标"选项	

（续表）

说明	示意图
4.　显示轴 X、Y、Z 的操纵杆方向。箭头代表正方向	
5.　操作示教器上的操纵杆，机器人绕着工具中心点做姿态调整的运动	

任务评价与自学报告

1．任务单

姓名		工作名称	
班级		小组成员	
指导教师		分工内容	
计划用时		实施地点	
完成日期		备注	
准备工作			
资料	工具	设备	
工作内容与实施			
工作内容		实施	
1．重定位运动的操作步骤			
2．什么是姿态			
3．重定位运动的验证步骤			

2. 评价

1）自我评价

序号	评价项目	是	否
1	是否明确人员职责		
2	是否按时完成工作任务的准备部分		
3	着装是否规范		
4	是否主动参与工作现场的清洁和整理工作		
5	是否主动帮助同学		
6	是否完成了清洁工作和维护工具的摆放		
7	是否执行"6S"规定		
8	是否会重定位运动的操作步骤		
9	能否遵守安全原则和规程		
评价人		分数	时间

2）小组评价

序号	评价项目	评价情况
1	与其他同学的沟通	
2	是否尊重他人	
3	工作态度是否积极主动	
4	是否服从教师的安排	
5	着装是否符合标准	
6	能否正确地理解他人提出的问题	
7	能否按照安全和规范的规程操作	
8	能否保持工作环境的干净整洁	
9	是否遵守工作场所的规章制度	
10	是否有工作岗位的责任心	
11	是否全勤	
12	是否能正确对待肯定和否定的意见	
13	团队工作中的表现如何	
14	是否达到任务目标	
15	存在的问题和建议	

3）教师评价

课程名称		工作名称		完成地点	
姓名		小组成员			
序号	项目			分值	得分
1	简答题			30	
2	重定位运动的操作步骤			40	
3	验证的步骤			30	

4）工作评价

	评价内容				
	完成的质量（60分）	技能提升能力（20分）	知识掌握能力（10分）	团队合作（10分）	备注
自我评价					
小组评价					
教师评价					

自学报告

自学任务	ABB 工业机器人的重定位运动
自学内容	
收获	
存在的问题	
改进措施	
总结	

习题

一、选择题

1. 在哪个窗口可以改变手动操作时的工具？（ ）

    A. 程序编辑器   B. 手动操纵   C. 控制面板   D. 程序数据

2. 机器人速度的单位是（ ）。

    A. cm/min   B. mm/sec   C. in/sec   D. mm/min

3. 手动限速状态下TCP的最大速度是（ ）。

    A. 250mm/s   B. 500mm/s   C. 750mm/s   D. 1000mm/s

4. 机器人在什么状态下不能进行手动操纵？（ ）

    A. 自动模式   B. 手动限速   C. 手动全速   D. A 和 C

5. 手动操纵模式切换有几个窗口？（ ）

    A. 1 个   B. 2 个   C. 3 个   D. 4 个

6. 机器人在哪种状态下无法编辑程序？（ ）

    A. 自动   B. 手动限速   C. 手动全速   D. A 和 C

7. 在示教器中有几种方式可以打开增量开关？（ ）

    A. 2 种   B. 3 种   C. 4 种   D. 5 种

8. 在关节运动时，使用机器人摇杆最多同时可以让几个轴一起运动？（ ）

    A. 1 个   B. 2 个   C. 3 个   D. 6 个

9. 如果ABB IRC5示教器的信息栏中机器人显示电机处于开启状态，则示教器的使能器处于（ ）状态。

    A. 一直按着第一挡   B. 一直按着第二挡

    C. 按下第一挡后松开   D. 按下第二挡后松开

10. 下列不属于ABB IRC5示教器组件的是（ ）。

    A. 操纵杆   B. 绑绳   C. 压片   D. 触摸屏用笔

11. 哪个信息不会出现在状态栏上？（ ）

    A. 主菜单快捷键   B. 程序状态   C. 系统和控制器名称   D. 动作模式

12. 在何处可以找到机器人序列号？（ ）

    A. 控制柜铭牌   B. 操作面板   C. 驱动板   D. 示教器背面

13. 在示教器的哪个窗口可以设置控制器的时间和日期？（ ）

    A. 备份与恢复窗口   B. 资源管理器窗口

    C. 系统信息窗口   D. 控制面板窗口

14. 在示教器的哪个窗口可以查看当前机器人的系统配置？（ ）

    A. 备份与恢复窗口   B. 资源管理器窗口

C. 系统信息窗口　　　　　　　　　　D. 控制面板窗口

15. 示教器上有几支手写笔?（　）

A. 0 支　　　　　　B. 1 支　　　　　　C. 2 支　　　　　　D. 4 支

16. 下列物品可以清洗示教器触摸屏的是（　）。

A. 溶剂　　　　　　　　　　　　　　B. 洗涤剂

C. 醮洗海绵　　　　　　　　　　　　D. 带少量水或中性清洁剂的软布

二、填空题

1. 手动操纵机器人运动包括三种模式：＿＿＿＿＿＿、线性运动和＿＿＿＿＿＿。

2. 手动操纵机器人运动包括三种模式：单轴运动、＿＿＿＿＿＿和＿＿＿＿＿＿。

3. 一般地，ABB工业机器人是由六个＿＿＿＿＿＿分别驱动机器人的六个关节轴，那么每次手动操纵一个关节轴的运动，就称之为单轴运动。

4. 机器人的线性运动是工具中心点在空间的＿＿＿、＿＿＿、＿＿＿的线性运动，移动的幅度较小，适合较为精确的定位和移动。

5. 机器人的重定位运动是指机器人第六轴法兰盘上的工具中心点在空间中绕着坐标轴＿＿＿＿＿的运动，也可以理解为机器人绕着工具中心点作姿态调整的运动。

6. 机器人在＿＿＿＿＿＿状态下不能进行手动操纵。

7. 手动限速状态下TCP的最大速度是＿＿＿＿＿＿。

8. 看图填写示教器的功能名称。

A＿＿＿＿

B＿＿＿＿

C＿＿＿＿

D＿＿＿＿

E＿＿＿＿

F＿＿＿＿

G＿＿＿＿

H＿＿＿＿

9. 示教器在出厂时，默认的显示语言是＿＿＿＿＿＿＿＿＿＿。

10. 清洗示教器触摸屏的方法是＿＿＿＿＿＿＿＿＿＿＿＿＿＿＿＿＿＿＿＿。

三、判断题

1. 状态钥匙无论切换到哪种状态，都可以进行手动操纵。（　）

2. 在手动操纵时，操纵杆的操纵幅度是与机器人的运动速度相关的。（　）

3. 不管示教器显示什么窗口，都可以手动操作机器人，但在执行程序时，不能手动操作机器人。（　）

4. 在关节运动时，使用机器人摇杆最多同时可以让三个轴一起运动。（　）

5. 示教器包含了带有人机交互界面用于参数设置及编程操作的触摸屏。（　）

6. 示教器默认手持姿势是采用右手端握，左手操作的方式完成。（　）

7. 示教器在更改了显示语言后，机器人系统需要重新启动后才可生效。（　）

8. 按日常维护规程，示教器在使用之前，应该查看机器人系统的时间是否为本地时区时间。（　）

9. 如果需要查看机器人系统常用信息与事件日志，只需单击示教器触摸屏上的信息栏。（　）

10. 切勿使用锋利的物体操作示教器。（　）

11. 用少量水把软布浸湿或可使用中性清洁剂清洗示教器触摸屏。（　）

四、问答题

1. 机器人线性运动的定义？

2. 机器人重定位运动的定义？

3. 机器人单轴运动的定义？

4. 在手动操作模式下，机器人有几种动作模式？

项目 3　ABB 工业机器人程序数据

项目引入

数据是信息的载体，它能够被计算机识别、存储和加工处理。它是计算机程序加工的原料，应用程序需要处理各种各样的数据。在计算机科学中，所谓数据就是计算机加工处理的对象，它可以是数值数据，也可以是非数值数据。数值数据是一些整数、实数或复数，主要用于工程计算、科学计算和商务处理等；非数值数据包括字符、文字、图形、图像、语音等。工业机器人在生产中，一般需要配备除了自身性能特点要求作业的外围设备，如转动工件的回转台、移动工件的移动台等。这些外围设备的运动和位置控制都需要与工业机器人相互配合并要求相应的精度。通常机器人运动轴按其功能可划分为机器人轴、基座轴和工装轴，基座轴和工装轴统称外部轴。大家可以了解ABB工业机器人编程会使用到的程序数据类型及分类，如何创建程序数据，以及最重要的三个关键程序数据（tooldata，wobjdata，loaddata）的设定方法。

技能要求与素质要求

技能要求	素质要求
1.　了解程序数据	1.　培养学生的安全规范意识、纪律意识
2.　掌握建立程序数据的操作	2.　培养学生主动探究新知识的意识
3.　掌握程序数据范围与存储类型	3.　培养学生严谨、规范的工匠精神
4.　常用程序数据说明	4.　融入团队，乐于分享，相互信任，荣辱与共
5.　掌握三个重要程序数据的设置	5.　共产党人的价值观：忠诚老实，公道正派，实事求是，清正廉洁
6.　掌握数值数据 num 的含义	
7.　掌握逻辑值数据 bool 的含义	
8.　掌握建立 num 型程序数据的操作	
9.　掌握建立 bool 型程序数据的操作	

思政案例

小A，男，某大学工科大学生，两年前以优异的成绩考入该学校。由于家庭贫困，家人都对其寄予厚望，希望他将来能够有一个好的出路，他也深知父母的期望，来到大学后也非常爱学习，就如高中一样刻苦。然而，事与愿违，尽管他努力学习，但是效果却很不理想。高中时候那种"高高在上"的优越感再也找不到了，他觉得周围的同学都比自己强，吃得好穿得好，有钱有胆识，很多方面超过自己，他渐渐地形成了一种自卑感，独来独往，本就内向的性格更加突显，与周围的同学更是格格不入，闲得无聊的时候他就去网吧上网打发时间，慢慢地他迷恋上了网络这个虚拟世界。大一下学期，他更加沉迷网络游戏，没课的时候整天泡在网吧，在课堂上显得无精打采，考试不及格。大二新学期开始，他并没有因为成绩差而奋发图强，反而是破罐子破摔，继续沉迷于网络，学习一塌糊涂。有几次他在网吧彻夜未归，同学以为他失踪了，害怕出现意外事故，老师和同学们四处寻找，最后发现他在网吧玩游戏。面对他的这种情况，辅导老师非常着急，想方设法要让他回归正常的学习和生活，专心学业。为此老师多次找他谈话，敦促他要端正学习态度，小A承诺不再迷恋网络，然而几天过后，他抵制不住诱惑，又偷偷地溜去网吧。为了从根本上帮助这位同学，学校老师对该生进行了多次深入的谈话，了解到小A的一些情况：第一，小A从高中升入大学后，对大学教育方式还不能适应，一度陷入了非常迷茫和空虚的状态；第二，进入大学后，小A来到了一个新的环境，这个环境中的人都是与自己水平相当，甚至是超越自己的，原来读高中时的优越感逐渐转变为一种挫败感，本就性格内向的他更加感到自卑，与周围同学的交流也更少；第三，长期沉迷于网游，使得小A逐渐丧失了自我约束的能力，同时也变得缺乏社会责任感。了解到这些后，辅导老师对他进行了"特殊照顾"。辅导老师借口自己的办公室事务繁杂，让他课余时间过来帮忙，时不时地与他进行和谐愉快的交流。私下跟其他同学交流，让他们平时多找他出去玩，比如小旅游、打篮球之类的。此外，还与任课老师沟通要多留意他，在课堂上为小A创造进步的机会，将其注意力更多地转移到实际学习和生活中，不断发现进步并给予肯定及表扬，并鼓励其进行总结，同时带动其他同学改变。在很多人眼里，工科就是冷冰冰的机器和枯燥深奥的方程式，既缺乏人文环境，又缺乏人文精神。而事实上，理工科不仅重逻辑知识，也重人文思想。试想下，如果我们教育出来的人缺乏生态保护意识，制造业、建筑业就会出环境问题；如果我们教育出来的人缺乏人文关怀，医疗改革就很难成功；如果我们教育出来的人缺乏诚信，互联网经济就会缺乏支柱。

任务 3.1　程序数据介绍

任务引入

程序数据是在程序模块或系统模块中设定的值和定义的一些环境数据。创建的程序数据由同一个模块或其他模块中的指令进行引用。比如指令MoveJ p10、v200、z50、home1，就用到了4种数据类型。ABB工业机器人的程序数据有100种左右，可以根据实际情况进行程序数据的创建，为ABB工业机器人的程序设计带来了无限可能性。程序数据的建立一般可以直接在示教器的程序数据菜单中建立，或者在建立程序指令时，同时自动生成对应的程序数据。根据使用范围，程序数据可分为全局数据（Global data）、任务数据（Task data）和局部数据（Lacal data）。其中，全局数据是可供所有任务、模块和程序使用的数据，它在系统中必须拥有唯一的名称。在新建程序数据时，大部分默认为单任务的全局数据。任务数据只对该任务所属的模块和程序有效，其他任务中的模块和程序无法调用。局部数据只能被本模块及所属的程序使用，不能被同任务中的其他模块调用。如果系统中存在与局部数据同名的全局数据和任务数据，则优先使用局部数据。

任务单

任务 3.1　程序数据介绍	
岗课赛证要求	1. 工业机器人系统操作员岗位需求 ● 熟悉程序数据含义 ● 能充分利用程序数据进行操作 ● 掌握程序数据的存储类型 2. 工业机器人系统技能竞赛要求 ● 熟练掌握程序数据的应用，为后续编程做准备 3. "1+X"证书等级标准 ● 能掌握程序数据的种类，能建立自己所需的程序数据
教学目标	1. 知识与能力目标 ● 掌握程序数据的建立方法 ● 能掌握指令中的数据含义 2. 过程与方法目标 ● 能完成程序数据的建立 3. "6S"职业素养培养 ● 安全生产、规范操作意识 ● 正确摆放和使用工具等 ● 桌面保持整洁，座椅周围无垃圾或杂物 ● 下课后，离开教室时物归原主
任务载体	"1+X"工业机器人编程考核平台
学习要求	● 完成任务的实际操作 ● 完成课后作业 ● 预习下一个任务

知识点

3.1.1　程序数据

程序数据是在程序模块或系统模块中设定值和定义的一些环境数据。创建的程序数据由同一个模块或其他模块中的指令进行引用。如表3.1所示，线框中是一条常用的机器人关节运动的指令（MoveJ），并调用了4个程序数据。

表 3.1　程序数据的说明

程序数据	数据类型	说明
P10	robtarget	机器人运动目标位置数据
V1000	speeddata	机器人运动速度数据
z50	zonedata	机器人运动转弯数据
Tool0	tooldata	机器人工具坐标数据

　　程序数据的建立一般可以分为两种形式，一种是直接在示教器的程序数据画面中建立程序数据，另一种是在建立程序指令时，同时自动生成对应的程序数据。在任务中将完成直接在示教器的程序数据画面中建立程序数据。建立程序数据的步骤如表3.2所示。

表 3.2　建立程序数据的步骤

说明	示意图
1. 单击左上角的主菜单按钮；选择"程序数据"选项	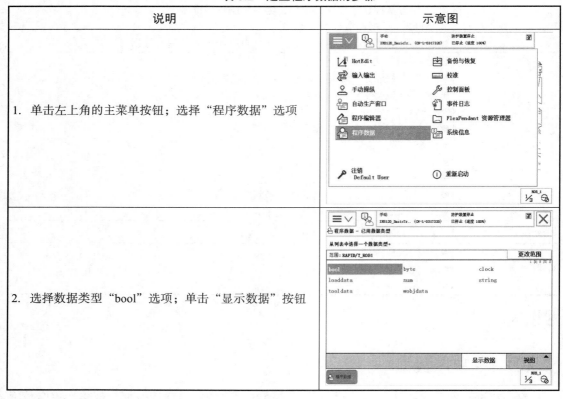
2. 选择数据类型"bool"选项；单击"显示数据"按钮	

（续表）

说明	示意图
3. 单击"新建"按钮	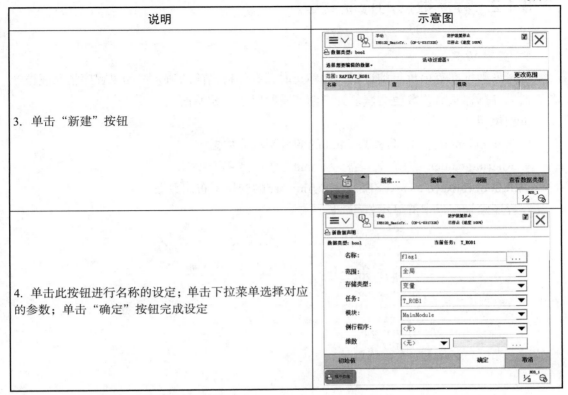
4. 单击此按钮进行名称的设定；单击下拉菜单选择对应的参数；单击"确定"按钮完成设定	

数据设定参数及说明如表3.3所示。

表 3.3　数据设定参数及说明

数据设定参数	说明
名称	设定数据的名称
范围	设定数据可使用的范围
存储类型	设定数据的存储类型
任务	设定数据所在的任务
模块	设定数据所在的模块
例行程序	设定数据所在的例行程序
维数	设定数据的维数
初始值	设定数据的初始值

3.1.2　程序数据的存储类型

1.　变量 VAR

变量型数据在程序执行的过程中和停止时，会保持当前的值。但如果程序指针复位或者机器人控制器重启，数值会恢复为声明变量时赋予的初始值。

举例说明：

VAR num length := 0; 名称为length的变量型数值数据。

VAR string name := "Tom"; 名称为name的变量型字符数据。

VAR bool finished := FALSE; 名称为finished的变量型布尔数据。

在程序编辑窗口中的显示如图3.1所示。

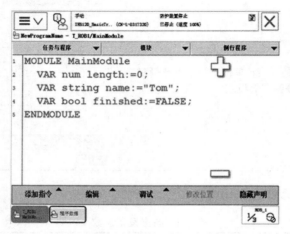

图 3.1　变量 VAR 存储类型

VAR表示存储类型为变量。num表示声明的数据是数字型数据（存储的内容为数字）。在声明数据时，可以定义变量数据的初始值。例如，length的初始值为0，name的初始值为Tom，finished的初始值为FALSE。

2.　可变量 PERS

无论程序的指针如何变化，无论机器人的控制器是否重启，可变量型的数据都会保持最后赋予的值。

举例说明：

PERS num numb := 1; 名称为numb的数值数据。

PERS string text := "Hello"; 名称为text的字符数据。在程序编辑窗口中的显示如图3.2所示。

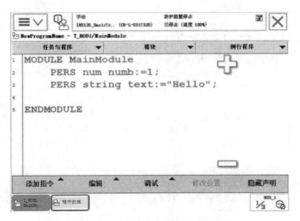

图 3.2　可变量 PERS 存储类型

3. 常量 CONST

常量的特点是在定义时已赋予了数值，不能在程序中进行修改，只能手动修改。

举例说明：

CONST num gravity := 9.81；名称为gravity的数值数据。

CONST string greating := "Hello"；名称为greating的字符数据；在程序编辑窗口中的显示如图3.3所示。

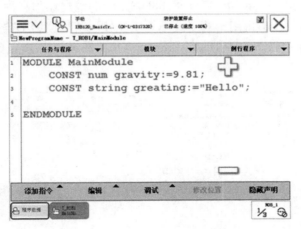

图 3.3　常量 CONST 存储类型

3.1.3　常用程序数据说明

1. 逻辑值数据 bool

bool用于存储逻辑值（真/假）数据，即bool型数据值可以表示为TRUE或FALSE。以下示例介绍了逻辑值数据bool，如图3.4所示。

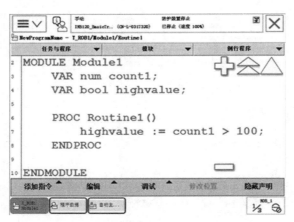

图 3.4　逻辑值数据 bool

示例中，首先判断count1的数值是否大于100，如果大于100，则向highvalue赋值TRUE，否则赋值FALSE。

2. 数值数据 num

num用于存储数值数据，如计数器。num 数据类型的值可以为整数，如−5；也可以为小数，如3.45；还可以通过指数的形式写入，例如，2E3（ = 2*10^3 = 2000），2.5E−2（ = 0.025）。整数数值，始终将−8388607与+8388608之间的整数作为准确的整数存储。小数数值仅为近似数字，因此，不得用于等于或不等于比较。若为使用小数的除法运算，则结果亦为小数。以下示例介绍了数值数据num：将整数3赋值给名称为count1的数值数据，如图3.5所示。

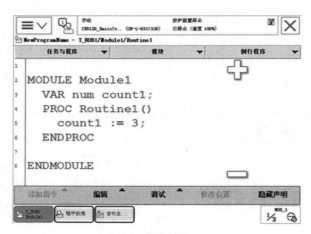

图 3.5　数值数据 num

3. 字符串数据 string

string用于存储字符串数据，如图3.6所示。字符串是由一串前后附有引号（″″）的字符（最多80个）组成的，例如，″This is a character string″，如果字符串中包括反斜线（\），则必须写两个反斜线符号，例如，"This string contains a \\ character"。将"start welding pipe 1"赋值给text，运行程序后，在示教器的操作窗口将会显示"start welding pipe 1"这段字符串。

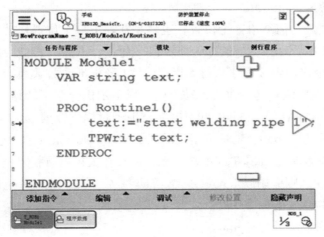

图 3.6　字符串数据 string

4．位置数据 robtarget

robtarget（robot target）用于存储机器人和附加轴的位置数据。位置数据的内容是在运动指令中机器人和外轴将要移动到的位置。以下示例介绍了位置数据robtarget。CONST robtarget　p15 := [[600, 500, 225.3], [1, 0, 0, 0], [1, 1, 0, 0], [11, 12.3, 9E9, 9E9, 9E9, 9E9]]；位置p15定义如下：机器人在工件坐标系中的位置为x=600、y=500、z=225.3mm，工具的姿态与工件坐标系的方向一致。

机器人的轴配置：轴1和轴4位于90~180°，轴6位于0~90°。附加逻辑轴a和b的位置以度或毫米来表示（根据轴的类型），未定义轴c到轴f。

5．关节位置数据 jointtarget

jointtarget用于存储机器人和附加轴的每个单独轴的角度位置。通过moveabsj可以使机器人和附加轴运动到jointtarget关节位置处。以下示例介绍了关节位置数据jointtarget。CONST jointtarget calib_pos := [[0, 0, 0, 0, 0, 0], [0, 9E9,9E9, 9E9, 9E9, 9E9]]；通过数据类型jointtarget，在calib_pos中存储了机器人的机械原点位置，同时定义外部轴a的原点位置0（度或毫米），未定义外轴b到f。

6．速度数据 speeddata

speeddata用于存储机器人和附加轴运动时的速度数据。速度数据定义了工具中心点移动时的速度、工具的重定位速度、线性或旋转外轴移动时的速度。以下示例介绍了速度数据speeddata。VAR speeddata vmedium := [1000, 30, 200, 15]；使用以下速率，定义了速度数据vmedium：TCP速度为1000 mm/s。工具的重定位速度为30 度/秒。线性外轴的速度为200 mm/s。旋转外轴速度为15度/秒。

7. 转角区域数据 zonedata

zonedata用于规定如何结束一个位置，也就是在朝下一个位置移动之前，机器人如何接近编程位置。可以以停止点或飞越点的形式来终止一个位置。停止点意味着机械臂和外轴必须在下一个指令之前继续程序执行到指定位置（静止不动）。飞越点意味着从未达到编程位置，而是在达到该位置之前改变运动方向。以下示例介绍了转角区域数据zonedata。

VAR zonedata path := [FALSE, 25, 40, 40, 10, 35, 5]；通过以下数据，定义转角区域数据path：TCP路径的区域半径为25 mm。工具重定位的区域半径为40 mm（TCP运动）。外轴的区域半径为40 mm（TCP运动）。如果TCP静止不动，或存在大幅度重新定位，或存在有关该区域的外轴大幅度运动，则应用以下规定：

- 工具重定位的区域半径为10度。
- 线性外轴的区域半径为35 mm。
- 旋转外轴的区域半径为5度。

任务评价与自学报告

1. 任务单

姓名		工作名称	
班级		小组成员	
指导教师		分工内容	
计划用时		实施地点	
完成日期		备注	
准备工作			
资料	工具	设备	
工作内容与实施			
工作内容	实施		
1. 数据的存储类型分类			
2. 建立程序数据			
3. 数据的类型分类			

2．评价

1）自我评价

序号	评价项目	是	否
1	是否明确人员职责		
2	是否按时完成工作任务的准备部分		
3	着装是否规范		
4	是否主动参与工作现场的清洁和整理工作		
5	是否主动帮助同学		
6	是否完成了清洁工作和维护工具的摆放		
7	是否执行"6S"规定		
8	能否能建立程序数据		
9	能否遵守安全原则和规程		
评价人		分数		时间	

2）小组评价

序号	评价项目	评价情况
1	与其他同学的沟通	
2	是否尊重他人	
3	工作态度是否积极主动	
4	是否服从教师的安排	
5	着装是否符合标准	
6	能否正确地理解他人提出的问题	
7	能否按照安全和规范的规程操作	
8	能否保持工作环境的干净整洁	
9	是否遵守工作场所的规章制度	
10	是否有工作岗位的责任心	
11	是否全勤	
12	是否能正确对待肯定和否定的意见	
13	团队工作中的表现如何	
14	是否达到任务目标	
15	存在的问题和建议	

3）教师评价

课程名称		工作名称		完成地点	
姓名		小组成员			
序号	项目			分值	得分
1	简答题			30	
2	建立程序数据			40	
3	数据的存储类型的区别			30	

4）工作评价

	评价内容				
	完成的质量（60分）	技能提升能力（20分）	知识掌握能力（10分）	团队合作（10分）	备注
自我评价					
小组评价					
教师评价					

自学报告

自学任务	ABB 工业机器人的数据的建立
自学内容	
收获	
存在的问题	
改进措施	
总结	

任务 3.2　工业机器人工具坐标系的设置

任务引入

工业机器人在生产中，一般需要配备除了自身性能特点要求作业的外围设备，如转动工件的回转台、移动工件的移动台等。这些外围设备的运动和位置控制都需要与工业机器人相互配合并要求相应的精度。通常机器人运动轴按其功能可划分为机器人轴、基座轴和工装轴，基座轴和工装轴统称外部轴。

任务单

任务 3.2　工业机器人工具坐标系的设置	
岗课赛证要求	1.　工业机器人系统操作员岗位需求 ●　设置工具坐标系，并能运用坐标系操作机器人 2.　工业机器人系统技能竞赛要求 ●　按照建立工具坐标系的工艺流程，建立工具坐标系，演示坐标系标定的结果 3.　"1+X"证书等级标准 ●　能建立工具坐标系，会使用工具坐标系 ●　标定工具坐标系，验证结果
教学目标	1.　知识与能力目标 ●　熟悉工业机器人运动轴与工具坐标系 2.　过程与方法目标 ●　通过学习能建立工具坐标系，并能验证工具坐标系 ●　通过小组合作完成工具坐标系的建立，学会合作学习 3.　"6S"职业素养培养 ●　安全生产、规范操作意识 ●　正确摆放和使用工具等 ●　桌面保持整洁，座椅周围无垃圾或杂物 ●　下课后，离开教室时物归原主
任务载体	"1+X"工业机器人编程考核平台
学习要求	●　完成任务 ●　完成课后作业 ●　预习下一个任务

知识点

　　工具坐标系是用于描述安装在机器人第六轴上的工具中心点、质量、重心等参数数据。在进行正式的编程之前，就需要构建起必要的机器人编程环境，其中有三个必需的程序数据（工具数据tooldata，工件坐标数据wobjdata，负荷数据loaddata）需要在编程前进行定义。不同的机器人应用可能配置不同的工具，比如说弧焊的机器人使用焊枪作为工具，而用于搬运板材的机器人就会使用吸盘式的夹具作为工具，如图3.7所示。

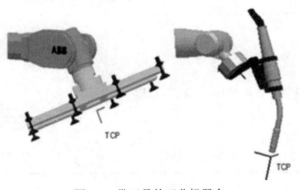

图 3.7　带工具的工业机器人

工具坐标系设置步骤如表3.4所示。

表 3.4　工具坐标系设置步骤

说明	示意图
1. 选择"手动操纵"选项	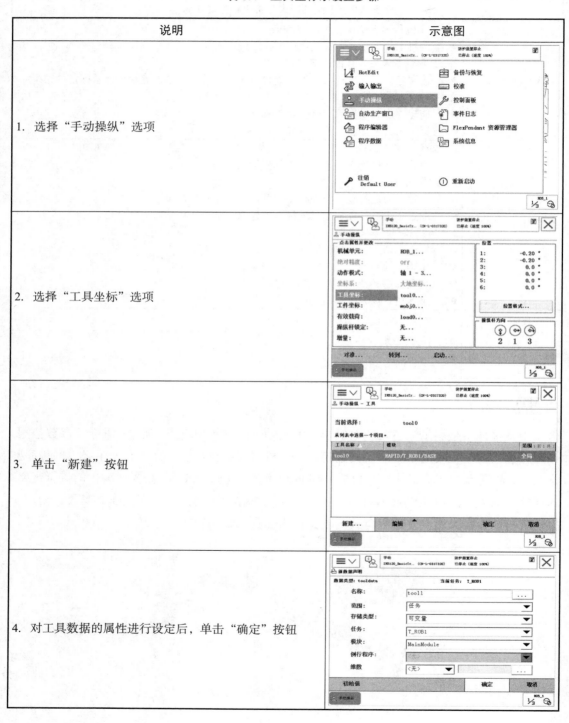
2. 选择"工具坐标"选项	
3. 单击"新建"按钮	
4. 对工具数据的属性进行设定后，单击"确定"按钮	

（续表）

说明	示意图
5. 选中 "tool1" 后，单击 "编辑" 按钮，并选择弹出菜单中的 "定义" 选项	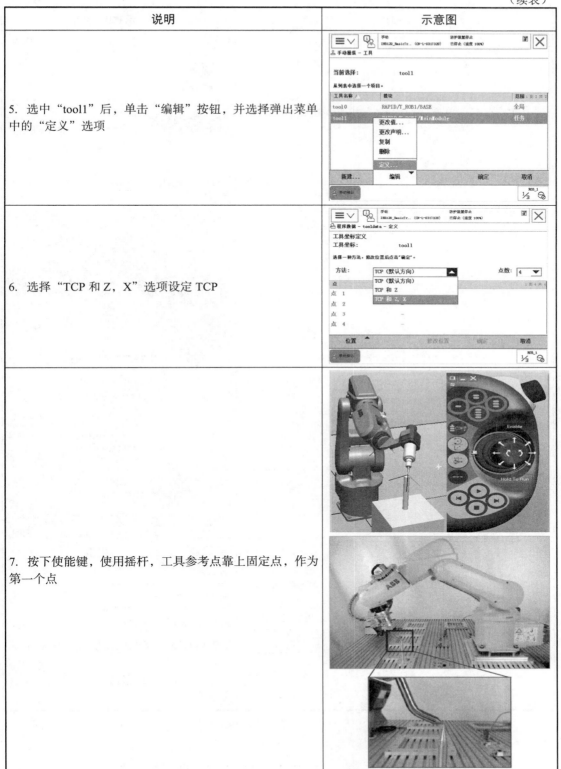
6. 选择 "TCP 和 Z，X" 选项设定 TCP	
7. 按下使能键，使用摇杆，工具参考点靠上固定点，作为第一个点	

（续表）

说明	示意图
8. 选中"点1"，单击"修改位置"按钮，将点1的位置记录下来	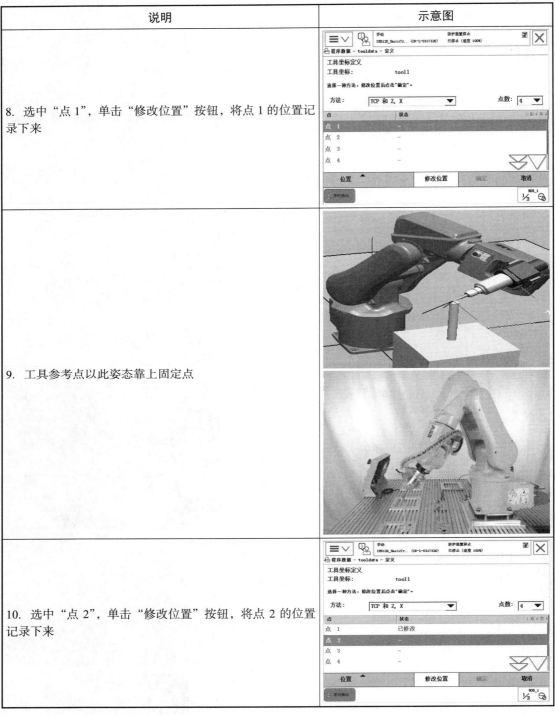
9. 工具参考点以此姿态靠上固定点	
10. 选中"点2"，单击"修改位置"按钮，将点2的位置记录下来	

（续表）

说明	示意图
11.　工具参考点以此姿态靠上固定点	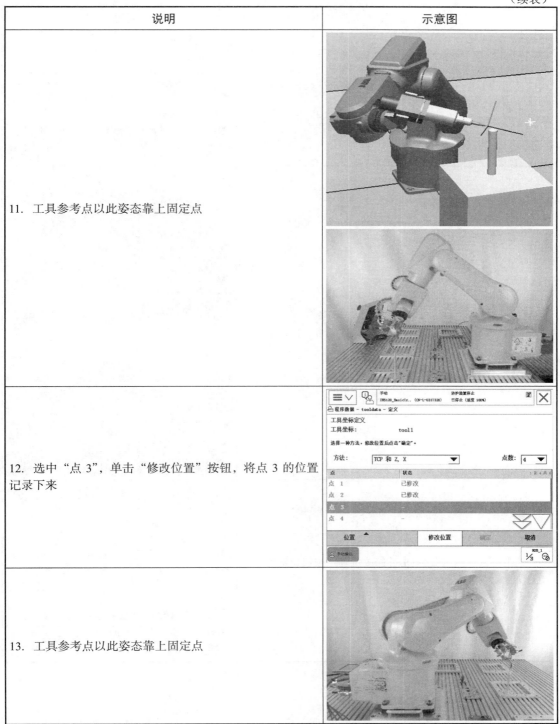
12.　选中"点 3"，单击"修改位置"按钮，将点 3 的位置记录下来	
13.　工具参考点以此姿态靠上固定点	

（续表）

说明	示意图
14. 选中"点 4"，单击"修改位置"按钮，将点 4 的位置记录下来	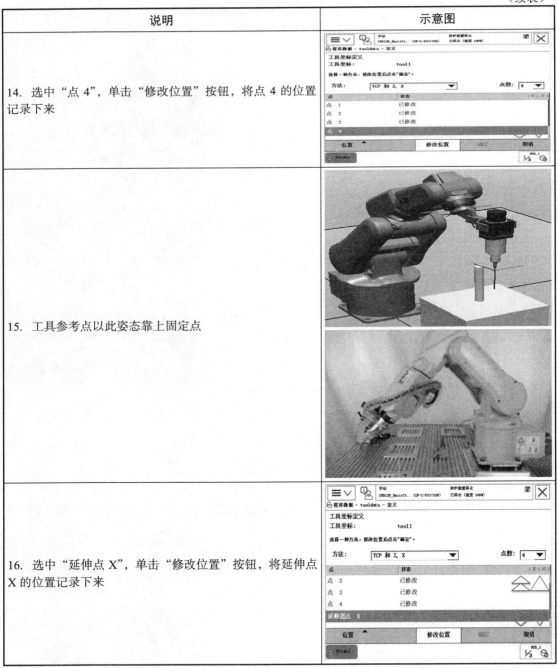
15. 工具参考点以此姿态靠上固定点	
16. 选中"延伸点 X"，单击"修改位置"按钮，将延伸点 X 的位置记录下来	

（续表）

说明	示意图
17. 选中"延伸点 Z"，单击"修改位置"按钮，将延伸点 Z 的位置记录下来	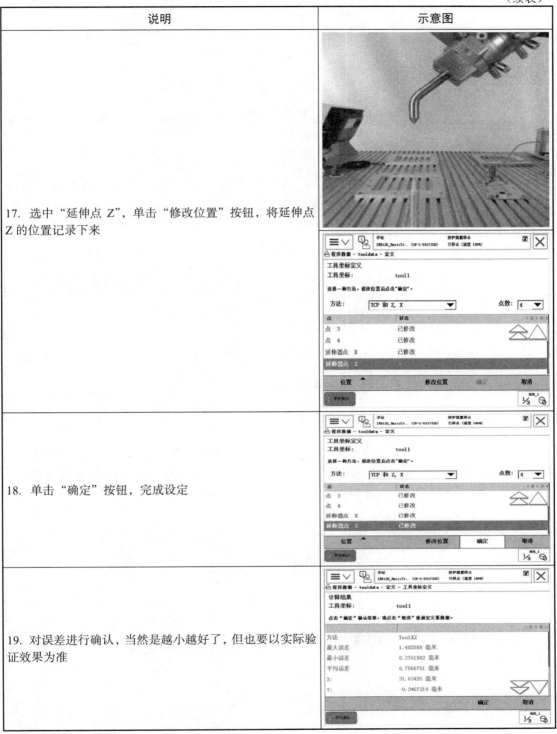
18. 单击"确定"按钮，完成设定	
19. 对误差进行确认，当然是越小越好了，但也要以实际验证效果为准	

（续表）

说明	示意图
20. 接着设置 tool1 的质量和重心。选中"tool1"，然后打开编辑菜单选择"更改值"选项	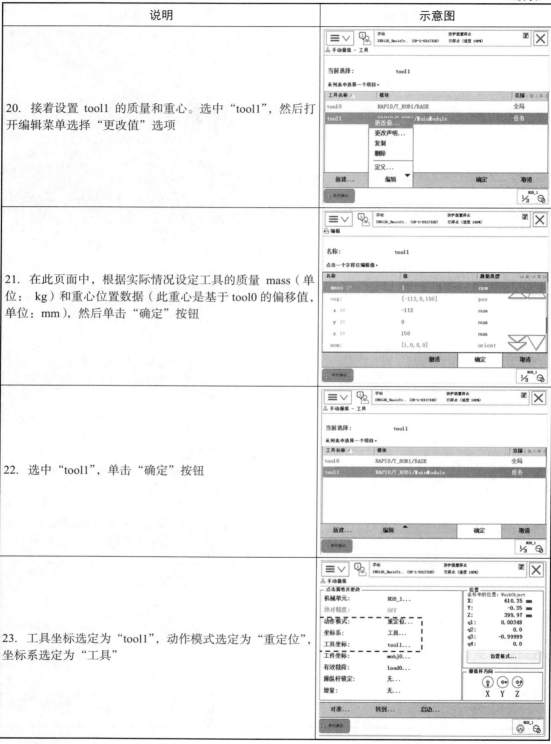
21. 在此页面中，根据实际情况设定工具的质量 mass（单位：kg）和重心位置数据（此重心是基于 tool0 的偏移值，单位：mm），然后单击"确定"按钮	
22. 选中"tool1"，单击"确定"按钮	
23. 工具坐标选定为"tool1"，动作模式选定为"重定位"，坐标系选定为"工具"	

（续表）

说明	示意图
24. 验证方法：使用摇杆将工具参考点靠上固定点，然后在重定位模式下手动操纵机器人，如果 TCP 设定精确的话，你可以看到工具参考点与固定点始终保持接触，而机器人会根据你的重定位操作改变姿态	

任务评价与自学报告

1. 任务单

姓名		工作名称	
班级		小组成员	
指导教师		分工内容	
计划用时		实施地点	
完成日期		备注	
准备工作			
资料	工具	设备	
工作内容与实施			
工作内容	实施		
1. 工具坐标系的概念			
2. 工具坐标系的建立步骤			
3. 验证工具坐标系			

2. 评价

1）自我评价

序号	评价项目	是	否
1	是否明确人员职责		
2	是否按时完成工作任务的准备部分		
3	着装是否规范		
4	是否主动参与工作现场的清洁和整理工作		
5	是否主动帮助同学		
6	是否完成了清洁工作和维护工具的摆放		
7	是否执行"6S"规定		
8	是否会建立工具坐标系并完成验证		
9	能否遵守安全原则和规程		
评价人		分数	时间

2）小组评价

序号	评价项目	评价情况
1	与其他同学的沟通	
2	是否尊重他人	
3	工作态度是否积极主动	
4	是否服从教师的安排	
5	着装是否符合标准	
6	能否正确地理解他人提出的问题	
7	能否按照安全和规范的规程操作	
8	能否保持工作环境的干净整洁	
9	是否遵守工作场所的规章制度	
10	是否有工作岗位的责任心	
11	是否全勤	
12	是否能正确对待肯定和否定的意见	
13	团队工作中的表现如何	
14	是否达到任务目标	
15	存在的问题和建议	

3）教师评价

课程名称		工作名称		完成地点	
姓名		小组成员			
序号	项目			分值	得分
1	简答题			30	
2	建立工具坐标系			40	
3	验证建立的工具坐标系的正确性			30	

4）工作评价

	评价内容				
	完成的质量 （60 分）	技能提升能力 （20 分）	知识掌握能力 （10 分）	团队合作 （10 分）	备注
自我评价					
小组评价					
教师评价					

自学报告

自学任务	ABB 工业机器人的工具坐标系的建立
自学内容	
收获	
存在的问题	
改进措施	
总结	

任务 3.3　工业机器人用工件标系设置

任务引入

　　工业机器人轴是指操作本体的轴，属于机器人本身，目前商用的工业机器人以八轴为主。基座轴是使机器人整体移动的轴的总称，主要指行走轴（移动滑台或导轨），工装轴是除机器人轴、基座轴以外轴的总称，指使工件、工装夹具翻转和回转的轴，如回转台、翻转台等。实际生产中常用的是六种关节型工业机器人，所谓六轴关节型机器人操作机有六个可活动的关节（轴）。不同的工业机器人本体运动轴的定义是不同的，KUKA机器人的六轴分别定义为A1、A2、A3、A4、A5和A6；ABB工业机器人则定义为轴1、轴2、轴3、轴4、轴5和轴6。其中A1、A2和A3轴（轴1、轴2和轴3）称为基本轴或主轴，用于保证末端执行器达到工作空间的任意位置；A4、A5和A6轴（轴4、轴5和轴6）称为腕部轴或次轴，用于实现末端执行器的任意空间姿态。

任务单

任务 3.3　工业机器人工件坐标系的设置	
岗课赛证要求	1. 工业机器人系统操作员岗位需求 ●　设置工件坐标系，并能运用坐标系操作机器人 2. 工业机器人系统技能竞赛要求 ●　按照建立工件坐标系的工艺流程，建立工件坐标系，演示坐标系标定的结果 3. "1+X"证书等级标准 ●　能建立工件坐标系，会使用工件坐标系 ●　标定工件坐标系，验证结果
教学目标	1. 知识与能力目标 ●　熟悉工业机器人运动轴与工件坐标系 2. 过程与方法目标 ●　通过学习能建立工件坐标系，并能验证工件坐标系 ●　通过小组合作完成工件坐标系的建立，学会合作学习 3. "6S"职业素养培养 ●　安全生产、规范操作意识 ●　正确摆放和使用工具等 ●　桌面保持整洁，座椅周围无垃圾或杂物 ●　下课后，离开教室时物归原主
任务载体	"1+X"工业机器人编程考核平台
学习要求	●　完成任务的实际操作 ●　完成课后作业 ●　预习下一个任务

知识点

工件坐标系对应工件：它定义工件相对于大地坐标系（或其他坐标系）的位置。机器人可以拥有若干个工件坐标系，或者表示不同工件，或者表示同一工件在不同位置的若干个副本。

对机器人进行编程就是在工件坐标系中创建目标和路径。这带来很多优点：

（1）在重新定位工作站中的工件时，你只需更改工件坐标系的位置，所有路径将即刻随之更新。

（2）允许操作以外轴或传送导轨移动的工件，因为整个工件可连同其路径一起移动。

如图3.8所示，A是机器人的大地坐标，为了方便编程，为第一个工件建立了一个工件坐标B，并在这个工件坐标B上进行轨迹编程。如果台子上还有一个一样的工件需要走一样的轨迹，那你只需要建立一个工件坐标C，将工件坐标B中的轨迹复制一份，然后将工件坐标从B更新为C，则无须对一样的工件进行重复的轨迹编程了。

如图3.9所示，在工件坐标B中对A对象进行了轨迹编程。如果工件坐标的位置变化成工件坐标D后，只需在机器人系统中重新定义工件坐标D，则机器人的轨迹就自动更新到C了，不需要再次轨迹编程了。因A相对于B，C相对于D的关系是一样，并没有因为整体偏移而发生变化。在对象的平面上，只需要定义三个点，就可以建立一个工件坐标。

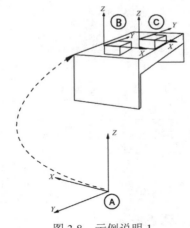

图3.8　示例说明1

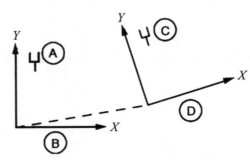

图3.9　示例说明2

（1）$X1$、$X2$确定工件坐标X的正方向。

（2）$Y1$确定工件坐标Y的正方向。

（3）工件坐标系的原点是$Y1$在工件坐标X上的投影。工件坐标符合右手定则，如图3.10所示。

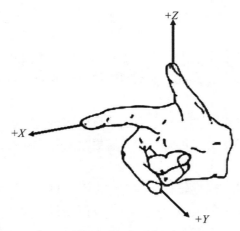

图 3.10　右手定则

工件坐标系的设置步骤如表3.5所示。

表 3.5　工件坐标系的设置步骤

说明	示意图
1. 选择"手动操纵"选项	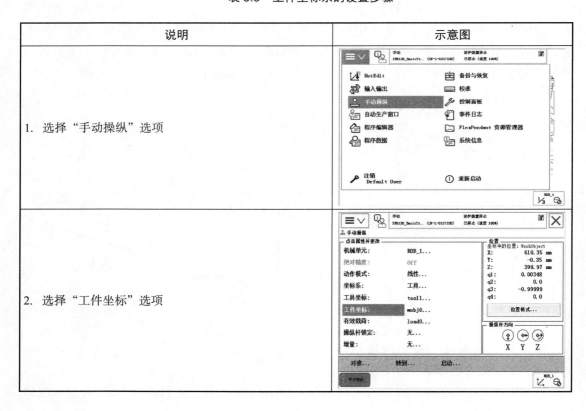
2. 选择"工件坐标"选项	

（续表）

说明	示意图
3. 单击"新建"按钮	
4. 对工件数据的属性进行设定后，单击"确定"按钮	
5. 选中"wobj1"后，选择"编辑"菜单中的"定义"选项	
6. 用户方法选择"3点"选项	

（续表）

说明	示意图
7. 手动操作机器人的工具参考点靠近定义工件坐标系的 *X*1 点	
8. 选中"用户点 X1"，单击"修改位置"按钮，将点 X1 的位置记录下来	
9. 手动操作机器人的工具参考点靠近定义工件坐标系的 X2 点	
10. 选中"用户点 X2"，单击"修改位置"按钮，将点 X2 的位置记录下来	

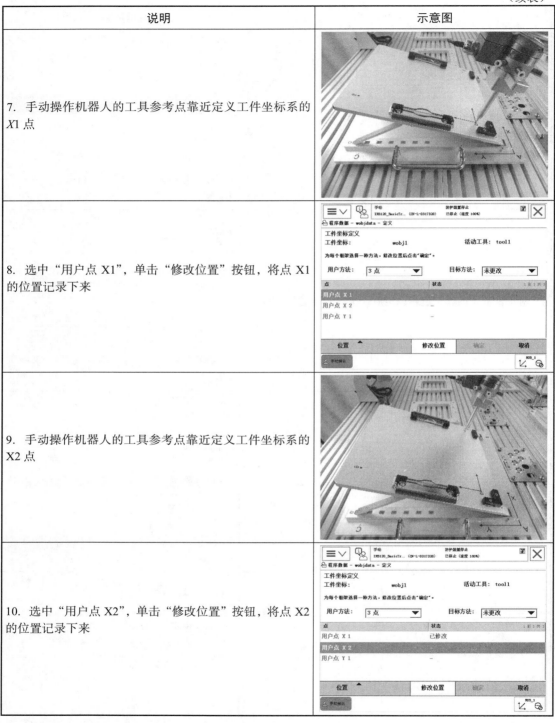

（续表）

说明	示意图
11.　手动操作机器人的工具参考点靠近定义工件坐标系的 Y1 点	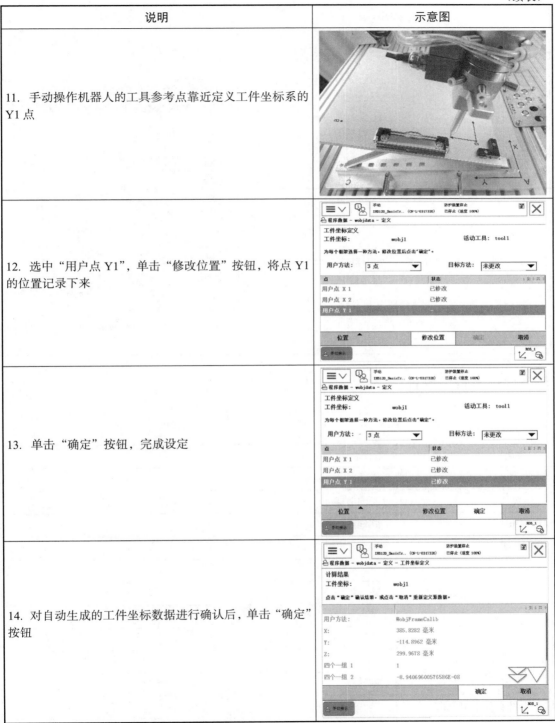
12.　选中"用户点 Y1"，单击"修改位置"按钮，将点 Y1 的位置记录下来	
13.　单击"确定"按钮，完成设定	
14.　对自动生成的工件坐标数据进行确认后，单击"确定"按钮	

（续表）

说明	示意图
15. 选中"wobj1"，单击"确定"按钮	
16. 动作模式选定为"线性"。坐标系选定为"工件坐标"。工件坐标选定为"wobj1"	

任务评价与自学报告

1. 任务单

姓名		工作名称	
班级		小组成员	
指导教师		分工内容	
计划用时		实施地点	
完成日期		备注	
准备工作			
资料	工具	设备	
工作内容与实施			
工作内容		实施	
1. 工件坐标系的概念			
2. 工件坐标系的建立步骤			
3. 验证工件坐标系			

2．评价

1）自我评价

序号	评价项目	是	否
1	是否明确人员职责		
2	是否按时完成工作任务的准备部分		
3	着装是否规范		
4	是否主动参与工作现场的清洁和整理工作		
5	是否主动帮助同学		
6	是否完成了清洁工作和维护工具的摆放		
7	是否执行"6S"规定		
8	能否能建立工件坐标系并完成验证		
9	能否遵守安全原则和规程		
评价人		分数	时间

2）小组评价

序号	评价项目	评价情况
1	与其他同学的沟通	
2	是否尊重他人	
3	工作态度是否积极主动	
4	是否服从教师的安排	
5	着装是否符合标准	
6	能否正确地理解他人提出的问题	
7	能否按照安全和规范的规程操作	
8	能否保持工作环境的干净整洁	
9	是否遵守工作场所的规章制度	
10	是否有工作岗位的责任心	
11	是否全勤	
12	是否能正确对待肯定和否定的意见	
13	团队工作中的表现如何	
14	是否达到任务目标	
15	存在的问题和建议	

3）教师评价

课程名称		工作名称		完成地点	
姓名		小组成员			
序号	项目			分值	得分
1	简答题			30	
2	建立工件坐标系			40	
3	验证建立的工件坐标系的正确性			30	

4）工作评价

	评价内容				
	完成的质量 （60分）	技能提升能力 （20分）	知识掌握能力 （10分）	团队合作 （10分）	备注
自我评价					
小组评价					
教师评价					

自学报告

自学任务	ABB 工业机器人的工件坐标系的建立
自学内容	
收获	
存在的问题	
改进措施	
总结	

习题

一、选择题

1. 在示教器的哪个窗口可以定义工件坐标系？（　）

    A. 手动操纵窗口　　　　　　　　　　B. 控制面板窗口

    C. 系统信息窗口　　　　　　　　　　D. 程序编辑器窗口

2. 在下列哪个选项中可以查看当前所使用的工件坐标系？（　）

    A. 动作模式　　　B. 工件坐标　　　C. 工具坐标　　　D. 坐标系

3. 用哪种方法定义工件坐标系？（　）

    A. 三点法　　　　B. 四点法　　　　C. 五点法　　　　D. 六点法

4. 在工件数据中，"trans"代表什么？（　）

    A. 工件重心位置　　　　　　　　　　B. 工件坐标系原点

    C. TCP位置　　　　　　　　　　　　D. 工具重心位置

5. 在使用功能OFFS时，TCP是依据（　）方向移动的。

    A. 大地坐标　　　B. 工具坐标　　　C. 工件坐标　　　D. 基坐标

6. 在工具数据中，分量cog表示的是（　）。

    A. 工具质量　　　B. 工具中心点　　C. 工具重心位置　D. 工具惯性矩

7. 如下图所示的搬运工具，其tooldata设置的快捷方式是（　）。

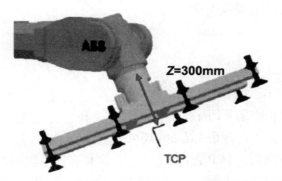

    A. 直接输入　　　B. 四点法　　　　C. 五点法　　　　D. 六点法

8. IRB 2400L型的机器人的额定负载为10kg，如果安装的工具重心方向沿Tool0的Z方向偏移200mm时，负载变为（　）。

    A. 3kg　　　　　B. 4kg　　　　　C. 5kg　　　　　D. 6kg

9. 机器人工具参数Tool0是保存在下面哪个模块中？（　）

    A. User　　　　　B. MainMoudle　　C. Base　　　　　D. TestABB

10. 在手动限速状态下，TCP的最大速度是（　）

    A. 250mm/s　　　B. 500mm/s　　　C. 750mm/s　　　D. 1000mm/s

11. 下列（　　）是新建的工具坐标需要定义的参数。

    A. 工具质量   B. 工具重心   C. 工具偏移   D. TCP

12. 有效载荷是哪种类型的数据？（　　）

    A. listitem   B. loaddata   C. loadidnum   D. loadsession

13. 有效载荷坐标应建立在哪个坐标系上？（　　）

    A. 工具坐标系   B. 基坐标   C. 工件坐标系   D. 大地坐标系

14. 在有效载荷数据中，分量cog表示的是（　　）。

    A. 载荷惯性矩   B. 载荷重心位置   C. 载荷质量   D. 载荷中心点

15. 下列哪个应用需要设置有效载荷？（　　）

    A. 焊接   B. 去毛刺   C. 数控加工   D. 搬运

16. 在哪个选项中可以查看新创建的有效载荷？（　　）

    A. 手动操纵窗口 B. 控制面板窗口   C. 程序编辑器窗口   D. 校准窗口

17. 下列不是有效载荷数据的是（　　）。

    A. 质量   B. 重心   C. 体积   D. 转动惯量

18. 在示教器的（　　）中可以查看机器人的程序数据。

    A. 校准窗口   B. 程序编辑器窗口

    C. 程序数据窗口   D. 控制面板窗口

19. 程序的存储类型有（　　）。

    A. 2个   B. 3个   C. 4个   D. 5个

20. 下列不是程序的存储类型的（　　）。

    A. num   B. const   C. VAR   D. PERS

二、填空题

1. 工件坐标系必须定义两个框架：＿＿＿＿＿＿＿＿和＿＿＿＿＿＿＿＿＿。

2. 定义工件坐标系时的两个因素：＿＿＿＿＿＿＿＿和＿＿＿＿＿＿＿＿＿。

3. 定义工件坐标系除了使用三点法，还可＿＿＿＿＿＿＿＿＿＿。

4. 在使用功能OFFS时，TCP是依据＿＿＿＿＿＿＿＿坐标方向移动的。

5. TCP的数据被保存在＿＿＿＿＿＿＿＿＿＿＿程序数据中。

6. 定义TCP的数据包含＿＿＿＿＿＿、＿＿＿＿＿＿＿＿＿和＿＿＿＿＿＿＿数据。

7. 当TCP测定的平均误差值达到＿＿＿＿＿＿＿＿＿＿范围内时，则计算准确。

8. Tool0的工具中心点位于＿＿＿＿＿＿＿＿＿＿＿＿＿＿＿＿。

9. 在工具数据中，分量cog表示的是＿＿＿＿＿＿＿＿＿＿。

10. IRB 2400L型的机器人的额定负载为10kg，如果安装的工具重心方向沿Tool0的Z方向偏移200mm时，负载变为＿＿＿＿＿＿＿＿＿＿＿。

11. 有效载荷数据包含＿＿＿＿＿＿、＿＿＿＿＿＿、力矩轴方向、转动惯量数据。

12. 有效载荷数据包含质量、重心、_____、_____数据。

13. 有效载荷是_____类型的数据。

14. 在有效载荷数据中，分量cog表示的是_____。

15. 机器人实际搬运的物体质量是_____（＜或=）设定的有效载荷。

16. ABB工业机器人默认的程序数据共有_____个，并且可以根据一些实际的情况进行程序数据的创建。

17. ABB工业机器人的I/O信号的数据类型是_____。

三、判断题

1. 在所有模块中，工件都应该是程序中的全局变量。（　）

2. 如果工件关联了程序，此时改变工件名称，则必须改变工件的所有内容。（　）

3. 默认工件坐标系wobj0与大地坐标系相同。（　）

4. 默认工件坐标系wobj0是可以删除的。（　）

5. 在使用功能OFFS时，TCP是依据基坐标方向移动的。（　）

6. 在使用六点法定义TCP时，改变的是tool0的Y方向和Z方向。（　）

7. 新定义的TCP的重心位置是基于基坐标系的偏移值。（　）

8. 如果要更改工具和工具坐标系，那么机器人的移动将随之改变。（　）

9. 使用四点法定义TCP，定义出来的TCP的方向和默认tool0的方向是一致的。（　）

10. 在工具数据中，分量cog表示的是工具中心点。（　）

11. 新建的工具坐标需要定义的参数只有工具质量。（　）

12. 机器人工具参数Tool0保存在下面的Base模块中。（　）

13. 在所有模块中，有效载荷都应该是程序中的全局变量。（　）

14. 有效载荷变量必须是持续变量。（　）

15. 如果在任何程序中关联某一有效载荷后需更改该有效载荷的名称，则必须同时更改该有效载荷名称的所有具体值。（　）

16. 定义的有效载荷只能使用在当前程序模块中。（　）

17. 机器人实际搬运的物体质量小于设定的有效载荷。（　）

18. 在程序中执行变量型数据的赋值，那么指针复位后将恢复为初始值。（　）

19. 当存储类型为常量的程序数据时，允许在程序中进行赋值操作。（　）

20. 在ABB工业机器人的程序数据中，数据类型Pos和Pose表示的意义是一样的。（　）

四、问答题

1. 什么是工件？

2. 机器人在编程时，创建工件坐标系具有哪些优点？

3. 工件坐标系的设定原理是什么？

4. 说明工件坐标系设定的方法及具体步骤？

项目4　ABB工业机器人通信

项目引入

I/O是Input/Output的缩写，即输入/输出端口，机器人可通过I/O与外部设备进行交互。

数字量输入：各种开关信号反馈，如按钮开关、转换开关、接近开关等；传感器信号反馈，如光电传感器、光纤传感器；还有接触器、继电器触点信号反馈；另外还有触摸屏里的开关信号反馈。

数字量输出：控制各种继电器线圈，如接触器、继电器、电磁阀；控制各种指示类信号，如指示灯、蜂鸣器。ABB工业机器人的标准I/O板卡的输入/输出都是PNP（即插即用）类型。通过本章节的学习，大家可以认识ABB工业机器人常用的标准I/O板卡，学会信号的配置方法及监控与操作的方式，掌握Profibus总线配置方法和Profinet总线配置方法，并学会系统输入/输出和可编程按键的使用。

技能要求与素质要求

技能要求	素质要求
1. 了解 ABB 工业机器人的通信种类与 I/O 板卡	1. 培养学生的安全规范意识、纪律意识
2. 掌握 DSQC651 板卡的接口定义	2. 培养学生主动探究新知识的意识
3. 掌握适配器的连接	3. 培养学生严谨、规范的工匠精神
4. 掌握输入/输出与 I/O 信号的关联	4. 培养学生彼此欣赏、协作互补、合作共赢
5. 能定义数字输入/输出信号	5. 传承文化，牢记使命，忠于职守，爱岗敬业
6. 能定义组输入/组输出信号	
7. 能定义模拟输出信号	
8. 能对 I/O 信号进行监控与操作	

思政案例

钱学森：克服重重阻碍艰难回国

20世纪40年代，钱学森就已经成为力学界、核物理学界的权威和现代航空与火箭技术的先驱。在美国，钱学森能够过上富裕的中产阶级的生活，然而，钱学森却牵挂着大洋彼岸的祖国。得知新中国成立的消息，钱学森兴奋不已，觉得此刻正是回到祖国的时候。美国当局知道钱学森要回国的消息后，自然不想放走他。在克服百般阻挠之后，钱学森最终回到了百废待兴的新中国。回到祖国的他迅速投入工作中，突破了无数科研难题，为新中国的航天事业做出了许多具有里程碑意义的贡献。早在20世纪50年代，他就慷慨献出《工程控制论》一书的万元稿酬，资助贫困学生；晚年，他先后获得两笔100万港元的科学奖金，也悉数捐出，情系祖国西部，用于沙漠治理。即便美国曾多次邀请钱学森访美，授予他"美国科学院院士""美国工程院院士"称号，但仍被他拒之门外，抛在脑后。他说："如果中国人民说我钱学森为国家、民族做了点事，那就是最高的奖赏。我不稀罕外国荣誉"。也曾经说过，"相互作用和相互联系的诸多要素构成了系统，组成的有机统一体具有特定的功能，而这个系统本身则被另一个更大的系统所包含"。在学习过程中，要带领学生从系统角度出发，理解不同模块之间的协商、协调、协作、协同，让学生在学习知识的同时，理解系统论思想，进而将这种系统论的思维方式和方法论运用到实际的学习和生活中。

任务 4.1　ABB 标准 I/O 板卡——DSQC651 配置

任务引入

I/O是Input/Output的缩写，即输入/输出端口，机器人可通过I/O与外部设备进行交互。例如，数字量输入：各种开关信号反馈，如按钮开关、转换开关、接近开关等；传感器信号反馈，如光电传感器、光纤传感器；接触器、继电器触点信号反馈；另外还有触摸屏里的开关信号反馈。数字量输出：控制各种继电器线圈，如接触器、继电器、电磁阀；控制各种指示类信号，如指示灯、蜂鸣器。ABB工业机器人的标准I/O板卡的输入/输出都是PNP类型。

任务单

任务 4.1　ABB 标准 I/O 板卡——DSQC651 配置	
岗课赛证要求	1. 工业机器人系统操作员岗位需求 ● 熟知通信种类 ● 掌握 DSQC651 配置方法 2. 工业机器人系统技能竞赛要求 ● 完成工业机器人的 DSQC651 配置 3. "1+X" 证书等级标准 ● 了解通信种类 ● 理解 DSQC651 的配置步骤
教学目标	1. 知识与能力目标 ● 了解通信方式 ● 掌握通信模块的选项及接口 2. 过程与方法目标 ● 掌握接口信息 3. "6S" 职业素养培养 ● 安全生产、规范操作意识 ● 正确摆放和使用工具等 ● 桌面保持整洁，座椅周围无垃圾或杂物 ● 下课后，离开教室时物归原主
任务载体	"1+X" 工业机器人编程考核平台
学习要求	● 完成任务的实际操作 ● 完成课后作业 ● 预习下一个任务

知识点

4.1.1　ABB工业机器人I/O通信种类

ABB工业机器人提供了丰富的I/O通信接口，可以有选择地与周边设备进行通信。ABB的标准通信、与PLC通信、与PC的数据通信，如图4.1所示。

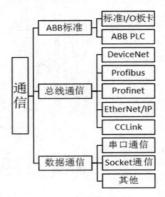

图 4.1　通信方式

ABB的标准I/O板卡提供的常用信号处理有数字量输入、数字量输出、组输入、组输出、模拟量输入、模拟量输出，在本章中会对此进行介绍。ABB工业机器人可以选配ABB标准的PLC，省去了原来与外部PLC进行通信设置的麻烦，并且在机器人的示教器上就能实现与PLC的相关操作。以较常用的ABB标准I/O板卡DSQC651和Profibus-DP为例，对如何设定相关参数进行详细的讲解。ABB工业机器人常用的标准I/O板卡见表4.1所示。

表 4.1　ABB 工业机器人常用的标准 I/O 板卡

型号	说明
DSQC 651	分布式 I/O 模块 di8\do8\ao2
DSQC 652	分布式 I/O 模块 di16\do16
DSQC 653	分布式 I/O 模块 di8\do8 带继电器
DSQC 355A	分布式 I/O 模块 ai4\ao4
DSQC 377A	输送链跟踪单元

1. ABB 标准 I/O 板卡 DSQC651

DSQC651板卡主要提供8个数字输入信号、8个数字输出信号和2个模拟输出信号的处理。DSQC651板卡如图4.2所示。

其中A是数字输出信号指示灯；B是数字输出接口X1；C是模拟输出接口X6；D是DeviceNet接口X5；E是模块状态指示灯；F是数字输入接口X3；G是数字输入信号指示灯。

2. ABB 标准 I/O 板卡 DSQC652

DSQC652板卡主要提供16个数字输入信号和16个数字输出信号的处理。DSQC652板卡如图4.3所示。其中A是数字输出信号指示灯；B是数字输出接口X1、X2；C是DeviceNet接口X5；D是模块状态指示灯；E是数字输入接口X3、X4；F是数字输入信号指示灯。

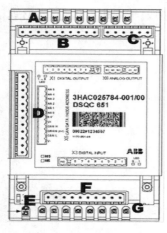

图 4.2　DSQC651 板卡

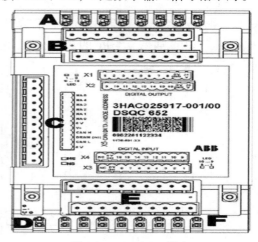

图 4.3　DSQC652 板卡

3. ABB 标准 I/O 板卡 DSQC653

DSQC653板卡主要提供8个数字输入信号和8个数字继电器输出信号的处理。DSQC653板卡如图4.4所示。

其中A是数字继电器输出信号指示灯；B是数字继电器输出信号接口X1；C是DeviceNet接口X5；D是模块状态指示灯；E是数字输入信号接口X3；F是数字输入信号指示灯。

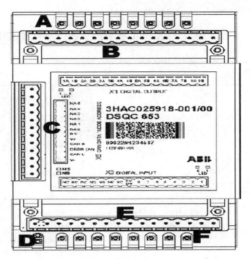

图 4.4　DSQC653 板卡

4. ABB 标准 I/O 板卡 DSQC355A

DSQC355A板卡主要提供4个模拟输入信号和4个模拟输出信号的处理，其中A是模拟输入端口X8；B是模拟输出端口X7；C是是DeviceNet接口X5；D是供电电源X3。DSQC355A板卡如图4.5所示。

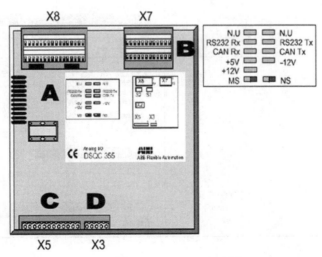

图 4.5　DSQC355A 板卡

4.1.2　DSQC651配置

ABB标准I/O板卡是在DeviceNet现场总线的设备，通过X5端口与DeviceNet现场总线进行通信。ABB标准I/O板卡DSQC651是较为常用的模块，下面以创建数字输入信号di、数字输出信号do、组输入信号gi、组输出信号go和模拟输出信号ao为例做一个详细的讲解。DSQC651板卡的总线连接配置步骤如表4.2所示。

表 4.2　DSQC651 板卡的总线连接配置步骤

说明	示意图
1.　选择"控制面板"选项	
2.　选择"配置"选项	
3.　双击"DeviceNet Device"	

（续表）

说明	示意图
4. 单击"添加"按钮	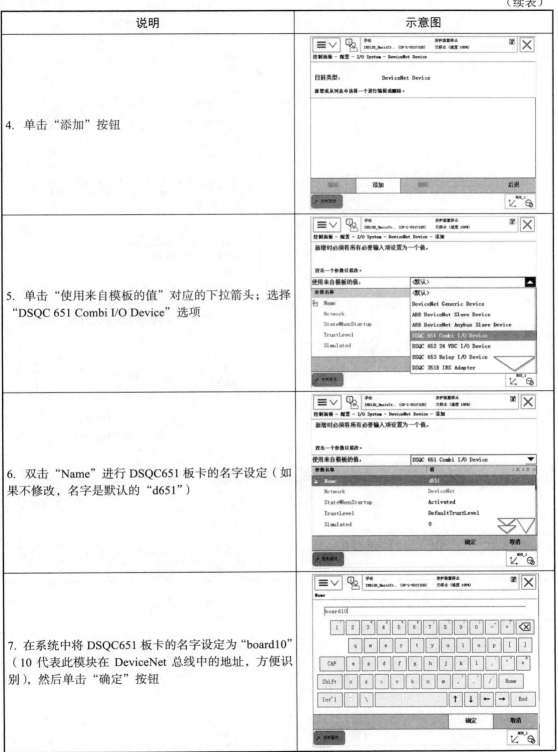
5. 单击"使用来自模板的值"对应的下拉箭头；选择 "DSQC 651 Combi I/O Device"选项	
6. 双击"Name"进行 DSQC651 板卡的名字设定（如果不修改，名字是默认的"d651"）	
7. 在系统中将 DSQC651 板卡的名字设定为"board10"（10 代表此模块在 DeviceNet 总线中的地址，方便识别），然后单击"确定"按钮	

（续表）

说明	示意图
8. 单击向下翻页的箭头	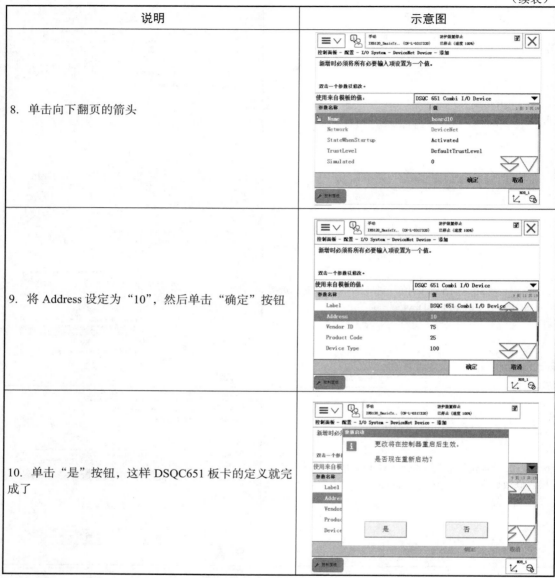
9. 将 Address 设定为"10"，然后单击"确定"按钮	
10. 单击"是"按钮，这样 DSQC651 板卡的定义就完成了	

ABB标准I/O板卡DSQC651是较为常用的模块，下面以创建数字输入信号di1为例，其配置步骤如表4.3所示。

表 4.3　数字输入信号 di1 配置步骤

说明	示意图
1. 选择"控制面板"选项	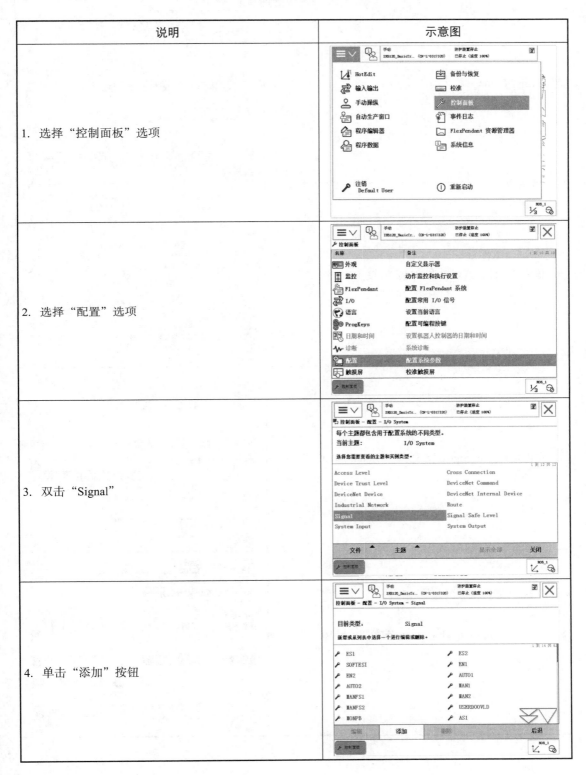
2. 选择"配置"选项	
3. 双击"Signal"	
4. 单击"添加"按钮	

（续表）

5. 双击"Name"	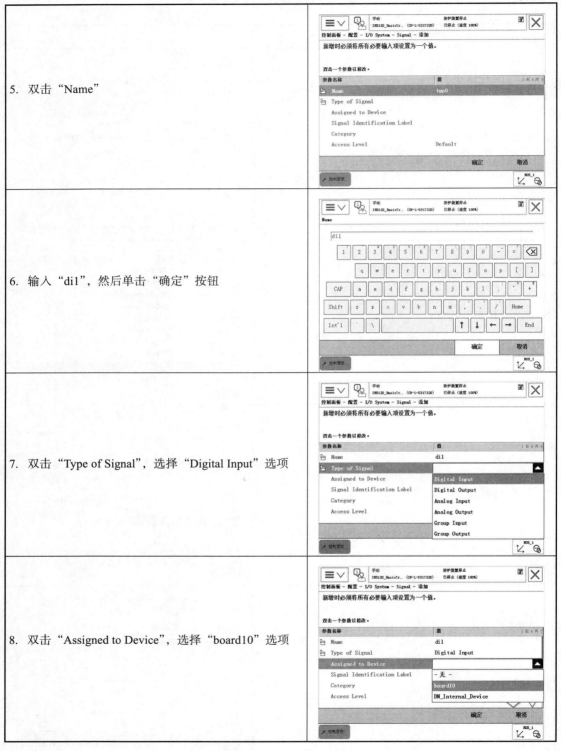
6. 输入"di1"，然后单击"确定"按钮	
7. 双击"Type of Signal"，选择"Digital Input"选项	
8. 双击"Assigned to Device"，选择"board10"选项	

（续表）

9. 双击"Device Mapping"	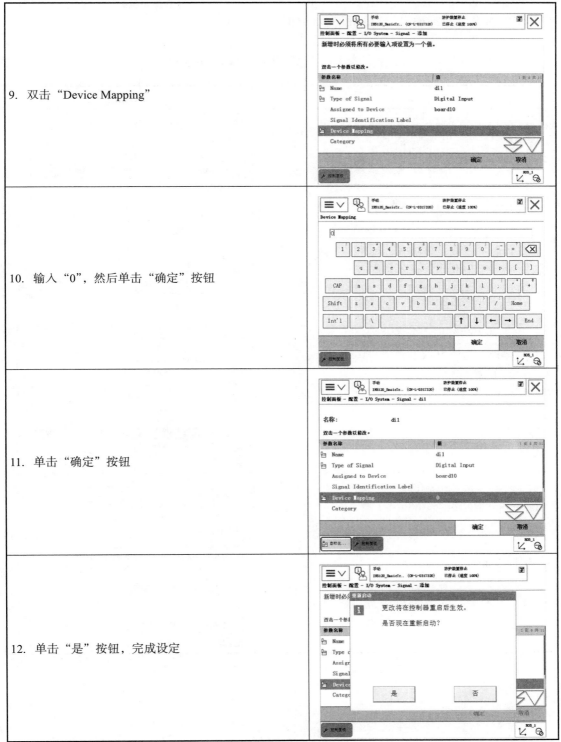
10. 输入"0"，然后单击"确定"按钮	
11. 单击"确定"按钮	
12. 单击"是"按钮，完成设定	

ABB标准I/O板卡DSQC651是较为常用的模块，下面以创建数字输出信号do1为例做一个详细的讲解。数字输出信号do1配置步骤如表4.4所示。

表 4.4　数字输出信号 do1 配置步骤

说明	示意图
1.　单击主菜单按钮，选择"控制面板"选项	
2.　选择"配置"选项	
3.　双击"Signal"	

（续表）

4. 单击"添加"按钮	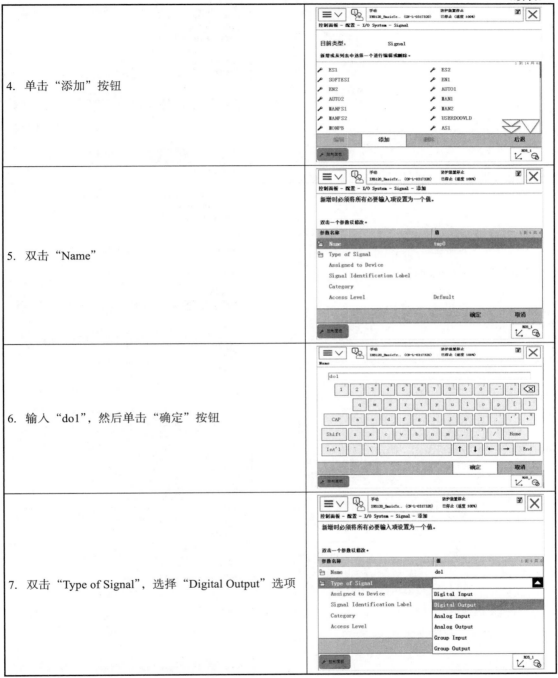
5. 双击"Name"	
6. 输入"do1"，然后单击"确定"按钮	
7. 双击"Type of Signal"，选择"Digital Output"选项	

（续表）

8. 双击"Assigned to Device"，选择"board10"选项	
9. 双击"Device Mapping"	
10. 输入"32"，然后单击"确定"按钮	
11. 单击"确定"按钮	

（续表）

| 12. 单击"是"按钮，完成设定 | 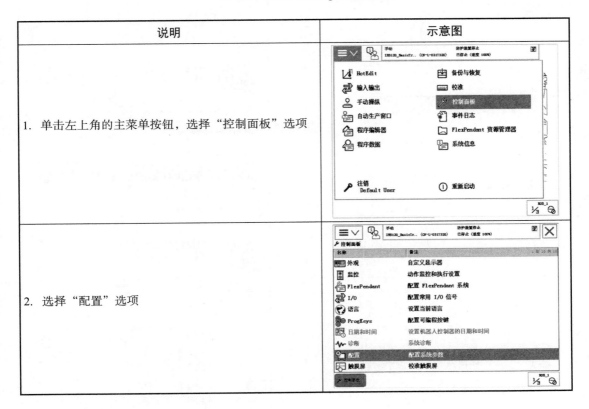 |

ABB标准I/O板卡DSQC651是最为常用的模块，下面以创建组输入信号gil为例做一个详细的讲解。组输入信号gil配置步骤如表4.5所示。

表 4.5　组输入信号 gi1 配置步骤

说明	示意图
1. 单击左上角的主菜单按钮，选择"控制面板"选项	
2. 选择"配置"选项	

（续表）

3. 双击"Signal"	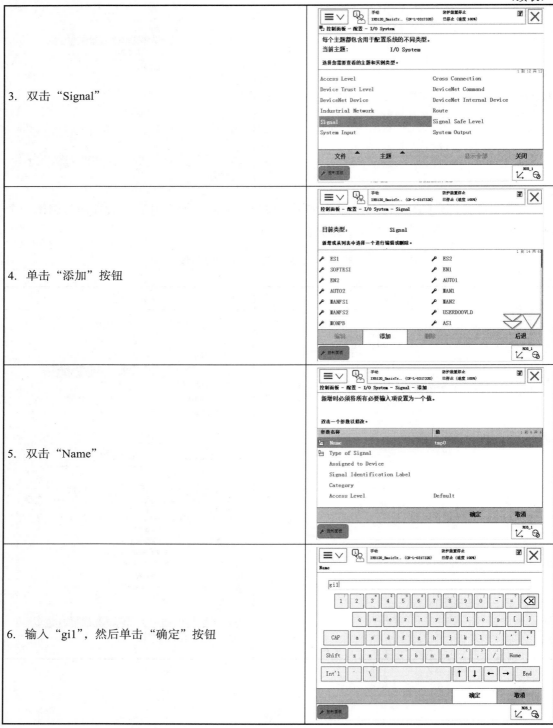
4. 单击"添加"按钮	
5. 双击"Name"	
6. 输入"gi1"，然后单击"确定"按钮	

（续表）

7. 双击 "Type of Signal"，选择 "Group Input" 选项	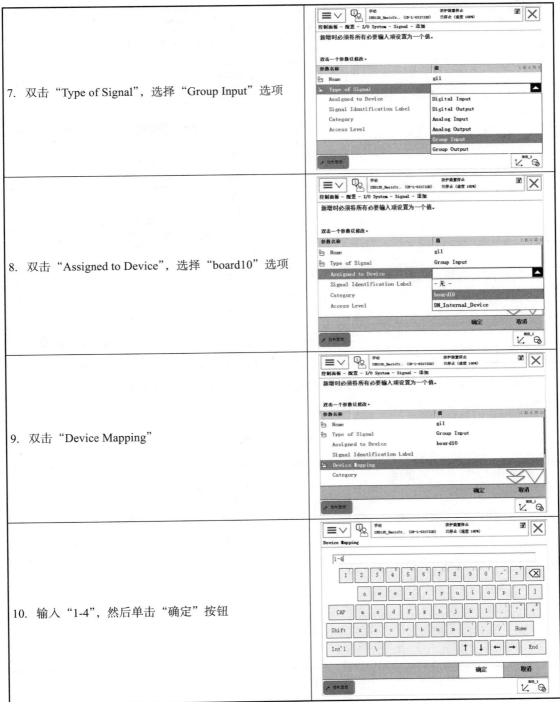
8. 双击 "Assigned to Device"，选择 "board10" 选项	
9. 双击 "Device Mapping"	
10. 输入 "1-4"，然后单击 "确定" 按钮	

（续表）

说明	示意图
11. 单击"确定"按钮	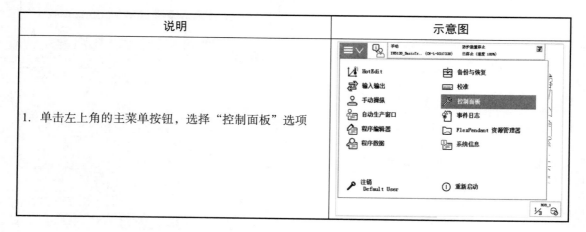
12. 单击"是"按钮，完成设定	

　　ABB标准I/O板卡DSQC651是最为常用的模块，下面以创建组输出信号go1为例做一个详细的讲解。组输出信号go1配置步骤如表4.6所示。

表4.6　组输出信号 go1 配置步骤

说明	示意图
1. 单击左上角的主菜单按钮，选择"控制面板"选项	

（续表）

2.　选择"配置"选项	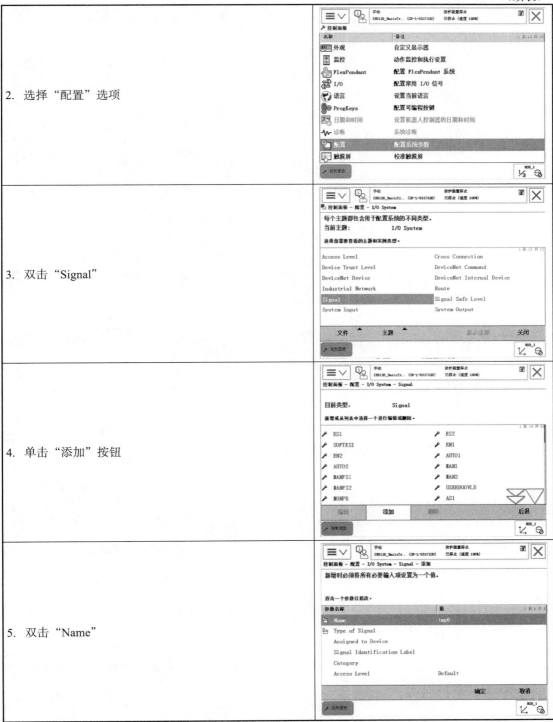
3.　双击"Signal"	
4.　单击"添加"按钮	
5.　双击"Name"	

（续表）

6. 输入"go1"，然后单击"确定"按钮	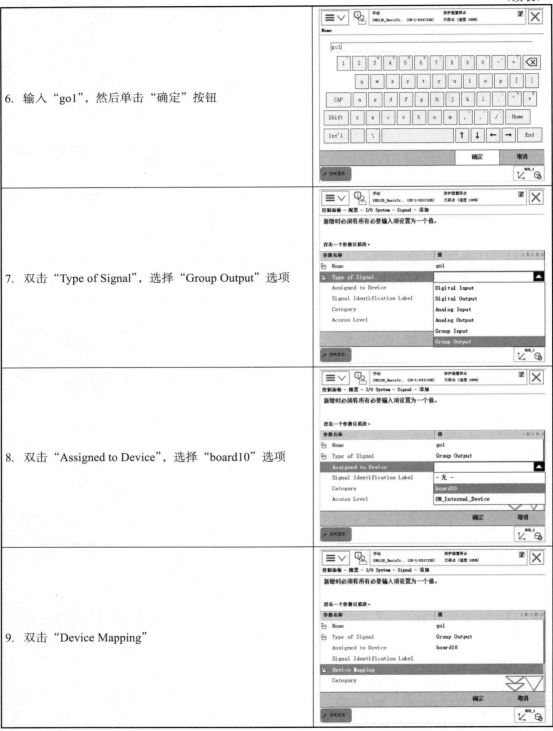
7. 双击"Type of Signal"，选择"Group Output"选项	
8. 双击"Assigned to Device"，选择"board10"选项	
9. 双击"Device Mapping"	

（续表）

10. 输入 "33-36"，然后单击 "确定" 按钮	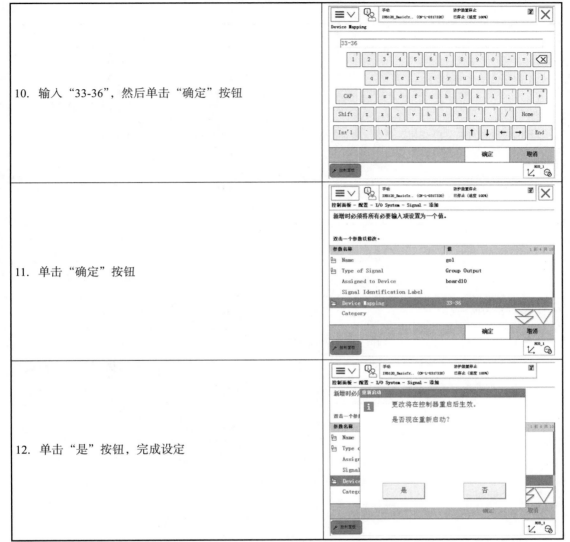
11. 单击 "确定" 按钮	
12. 单击 "是" 按钮，完成设定	

　　ABB标准I/O板卡DSQC651是最为常用的模块，下面以创建模拟输出信号ao1为例做一个详细的讲解。模拟输出信号ao1配置步骤如表4.7所示。模拟输出信号常应用于控制焊接电源电压。这里以创建焊接电源电压输出与机器人输出电压的线性关系为例，定义模拟输出信号ao1。

表 4.7   模拟输出信号 ao1 配置步骤

说明	示意图
1. 单击左上角的主菜单按钮，选择"控制面板"选项	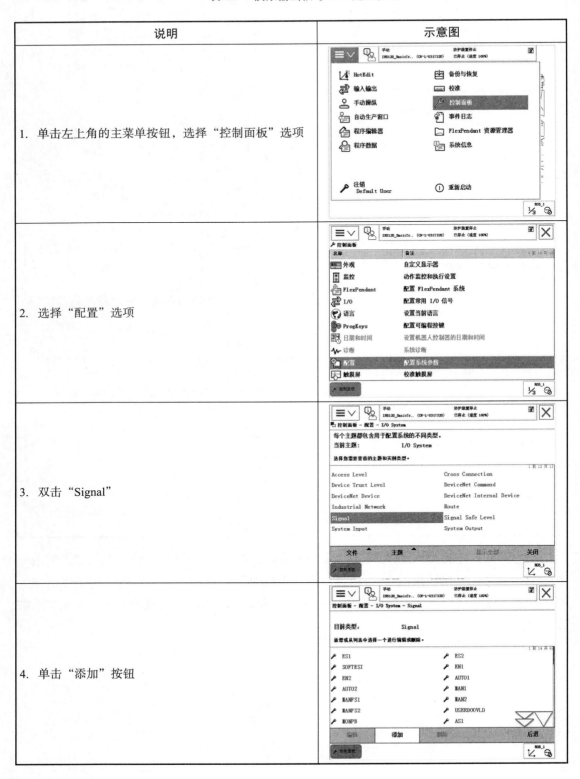
2. 选择"配置"选项	
3. 双击"Signal"	
4. 单击"添加"按钮	

（续表）

5. 双击 "Name"	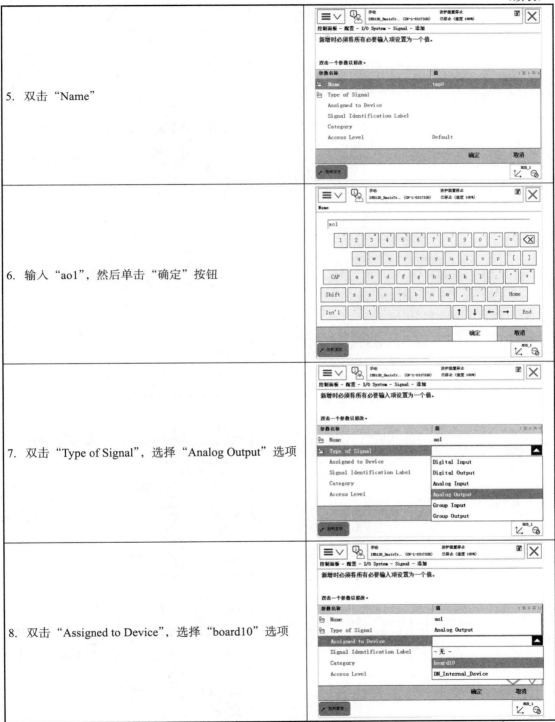
6. 输入 "ao1"，然后单击 "确定" 按钮	
7. 双击 "Type of Signal"，选择 "Analog Output" 选项	
8. 双击 "Assigned to Device"，选择 "board10" 选项	

（续表）

9. 双击"Device Mapping"	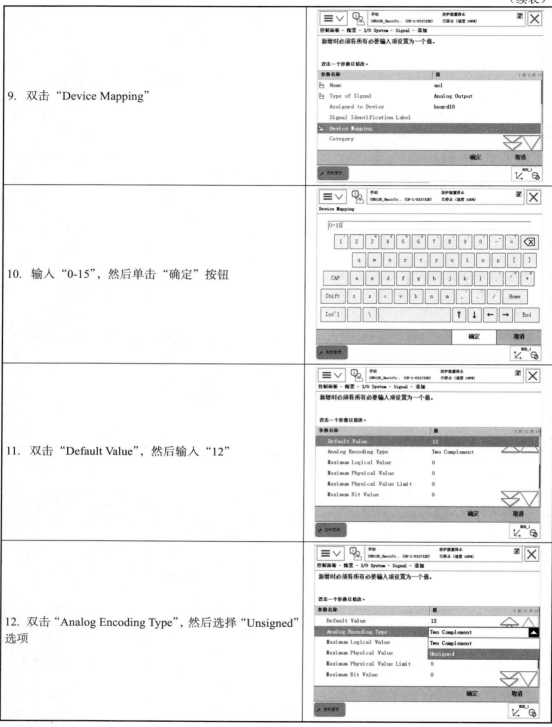
10. 输入"0-15"，然后单击"确定"按钮	
11. 双击"Default Value"，然后输入"12"	
12. 双击"Analog Encoding Type"，然后选择"Unsigned"选项	

（续表）

13.　双击"Maximum Logical Value"，然后输入"40.2"	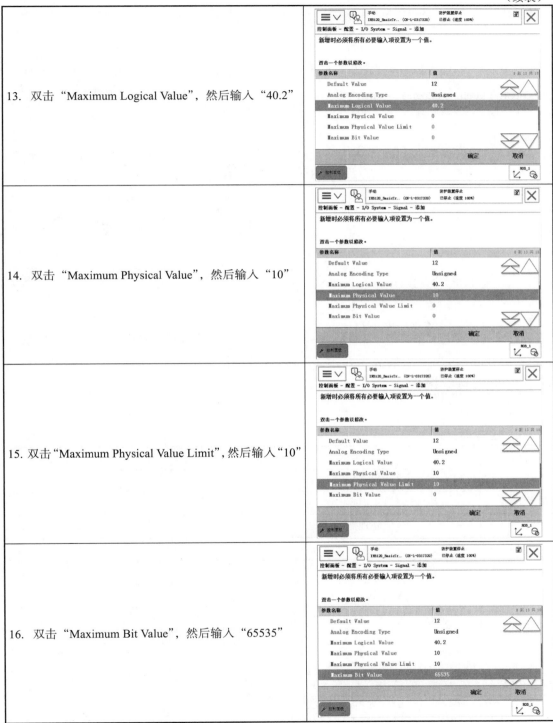
14.　双击"Maximum Physical Value"，然后输入"10"	
15.　双击"Maximum Physical Value Limit"，然后输入"10"	
16.　双击"Maximum Bit Value"，然后输入"65535"	

（续表）

17. 双击 "Minimum Logical Value"，然后输入 "12"	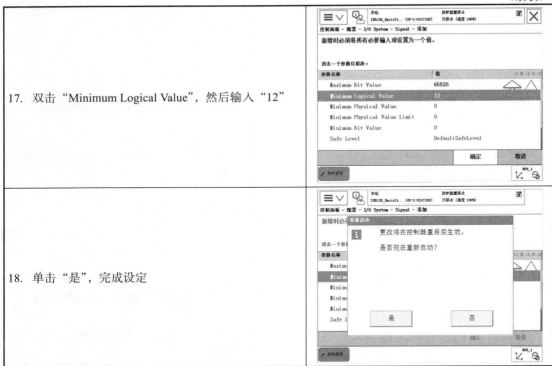
18. 单击 "是"，完成设定	

任务评价与自学报告

1. 任务单

姓名		工作名称	
班级		小组成员	
指导教师		分工内容	
计划用时		实施地点	
完成日期		备注	
准备工作			
资料	工具	设备	
工作内容与实施			
工作内容	实施		
1. I/O 通信的种类			
2. 配置 DSQC651 的步骤			

2. 评价

1）自我评价

序号	评价项目	是	否
1	是否明确人员职责		
2	是否按时完成工作任务的准备部分		
3	着装是否规范		
4	是否主动参与工作现场的清洁和整理工作		
5	是否主动帮助同学		
6	是否完成了清洁工作和维护工具的摆放		
7	是否执行"6S"规定		
8	能否配置 DSQC651		
9	能否遵守安全原则和规程		
评价人		分数	时间

2）小组评价

序号	评价项目	评价情况
1	与其他同学的沟通	
2	是否尊重他人	
3	工作态度是否积极主动	
4	是否服从教师的安排	
5	着装是否符合标准	
6	能否正确地理解他人提出的问题	
7	能否按照安全和规范的规程操作	
8	能否保持工作环境的干净整洁	
9	是否遵守工作场所的规章制度	
10	是否有工作岗位的责任心	
11	是否全勤	
12	是否能正确对待肯定和否定的意见	
13	团队工作中的表现如何	
14	是否达到任务目标	
15	存在的问题和建议	

3）教师评价

课程名称		工作名称		完成地点	
姓名		小组成员			
序号	项目			分值	得分
1	简答题			30	
2	能配置 DSQC651			40	
3	I/O 通信的种类			30	

4）工作评价

	评价内容				
	完成的质量（60分）	技能提升能力（20分）	知识掌握能力（10分）	团队合作（10分）	备注
自我评价					
小组评价					
教师评价					

自学报告

自学任务	配置 DSQC651
自学内容	
收获	
存在的问题	
改进措施	
总结	

任务 4.2 ABB 工业机器人与 PLC 通信

任务引用

在很多情况下，在生产、工艺设备和机械上已经使用标准的PLC类型和语言，因此现有员工已经拥有丰富的PLC经验。他们可以通过PLC人机界面（HMI）来支持集成单元的大部分自动化任务。采用现有的机器人控制系统，还可以简化故障排除和维护。转向基于PLC控制的自动化环境，使制造商可以自由选择最能满足其需求的机器人OEM（原始设备制造商）。这样，最终用户就不需要从单个原始设备制造商那里购买产品，也就不需要培训员工来使用另一种机器人语言，从而减少额外麻烦。由于特定模型的特性和功能，可以选择更合适的机器人自动化。在考虑各种选项时，制造商应充分利用最新技术。机器人控制器具有先进的运动、安全功能、集成视觉、碰撞检测、力传感等先进功能。但在大多数情况下，可通过PLC对高级机器人功能进行编程。此外，很多工业机器人应用都是简单的物料搬运活动。这些应用可以轻松地以PLC环境中的功能块进行编程。如果相关应用主要是物料搬运活动，那么放下示教器，前往最近的HMI可能是最明智的做法。不过，对于制造商来说，PLC控制的机器人并不是灵丹妙药。从机器人控制器转换到PLC控制器，既不会降低，也不会提升机器人的性能。

任务单

任务 4.2 ABB 工业机器人与 PLC 通信	
岗课赛证要求	1. 工业机器人系统操作员岗位需求 ● 掌握配置工业机器人端的参数 ● 掌握配置 PLC 端的参数 2. "1+X" 证书等级标准 ● 了解 PLC 与机器人之间的通信方式
教学目标	1. 知识与能力目标 ● 掌握工业机器人端的参数配置 2. 过程与方法目标 ● 配置工业机器人端的参数 3. "6S" 职业素养培养 ● 安全生产、规范操作意识 ● 正确摆放和使用工具等 ● 桌面保持整洁，座椅周围无垃圾或杂物 ● 下课后，离开教室时物归原主
任务载体	"1+X" 工业机器人编程考核平台
学习要求	● 完成任务的实际操作 ● 完成课后作业 ● 预习下一个任务

知识点

4.2.1 Profibus 适配器的连接

各个工业机器人之间动作的协调、工业机器人与其他外部设备之间动作的协调，一般都是靠PLC来实现的。除了通过ABB工业机器人提供的标准I/O板卡进行与外围设备进行通信，ABB工业机器人还可以使用DSQC667模块通过Profibus与PLC进行快捷和大数据量的通信，如图4.6所示。A是PLC主站；B是总线上的从站；C是机器人Profibus适配器DSQC667；D是机器人控制柜。

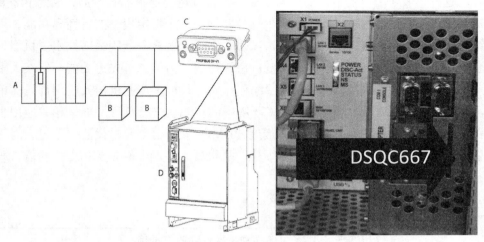

图 4.6　Profibus 适配器的连接及接口

工业机器人端的配置步骤如表4.8所示。

表 4.8　工业机器人端的配置步骤

说明	示意图
1. 单击左上角的主菜单按钮，选择"控制面板"选项	

（续表）

2. 选择"配置"选项	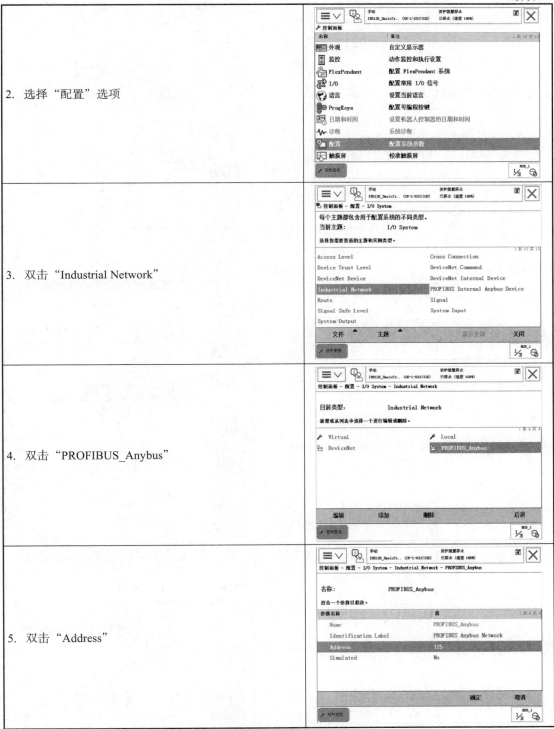
3. 双击"Industrial Network"	
4. 双击"PROFIBUS_Anybus"	
5. 双击"Address"	

（续表）

6. 输入"8"，然后单击"确定"按钮	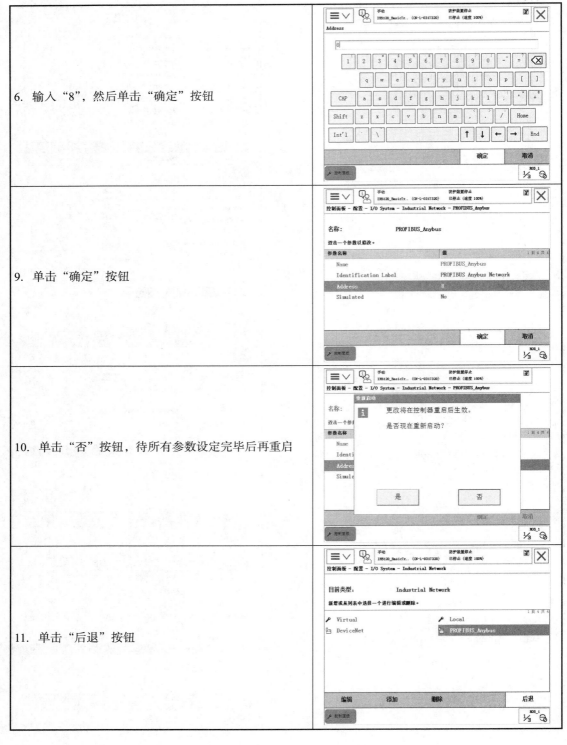
9. 单击"确定"按钮	
10. 单击"否"按钮，待所有参数设定完毕后再重启	
11. 单击"后退"按钮	

（续表）

12.　双击 "PROFIBUS Internal Anybus Device"	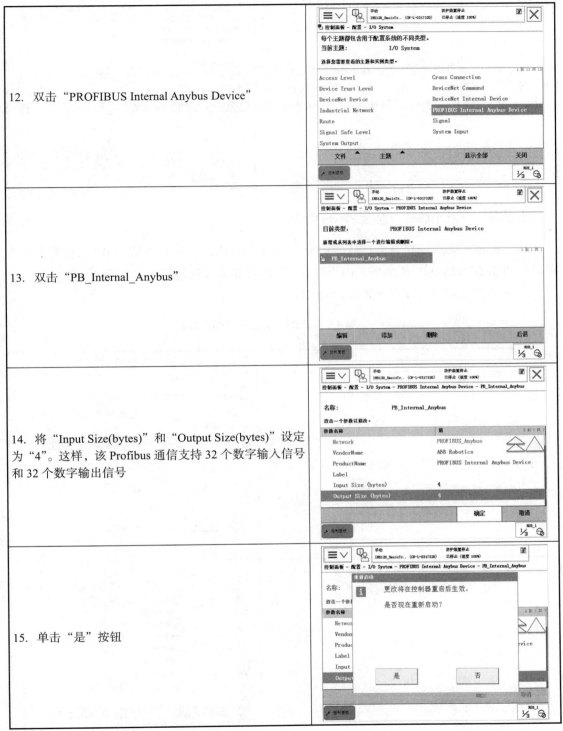
13.　双击 "PB_Internal_Anybus"	
14.　将 "Input Size(bytes)" 和 "Output Size(bytes)" 设定为 "4"。这样，该 Profibus 通信支持 32 个数字输入信号和 32 个数字输出信号	
15.　单击 "是" 按钮	

（续表）

说明	示意图
16. 基于 Profibus 设定信号的方法和 ABB 标准 I/O 板卡上设定信号的方法基本一样。要注意的区别就是在"Assigned to Device"中选择"PB_Internal_Anybus"选项	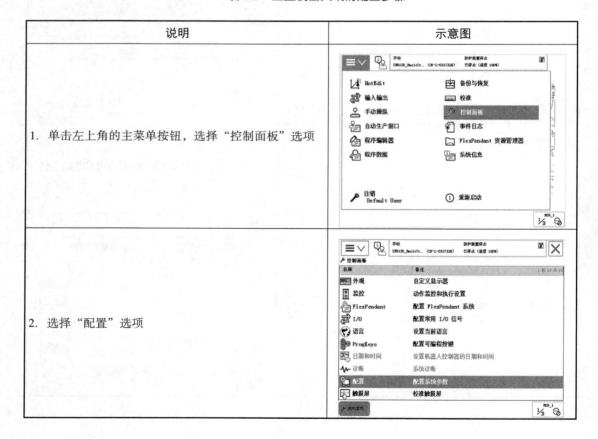

4.2.2　Profinet 适配器的连接

除了通过ABB工业机器人提供的标准I/O板卡与外围设备进行通信，ABB工业机器人还可以使用DSQC688模块通过Profinet与PLC进行快捷和大数据量的通信。

工业机器人端的配置步骤如表4.9所示。

表 4.9　工业机器人端的配置步骤

说明	示意图
1. 单击左上角的主菜单按钮，选择"控制面板"选项	
2. 选择"配置"选项	

（续表）

3. 双击 "PROFINET Internal Anybus Device"	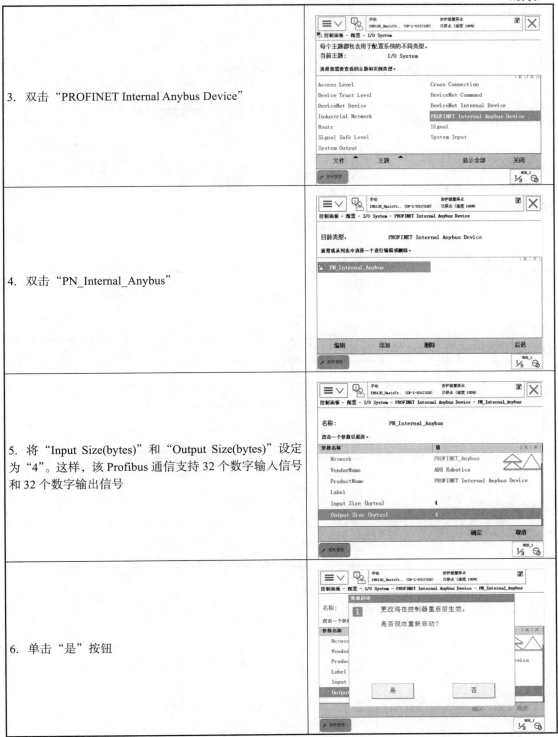
4. 双击 "PN_Internal_Anybus"	
5. 将 "Input Size(bytes)" 和 "Output Size(bytes)" 设定为 "4"。这样，该 Profibus 通信支持 32 个数字输入信号和 32 个数字输出信号	
6. 单击 "是" 按钮	

（续表）

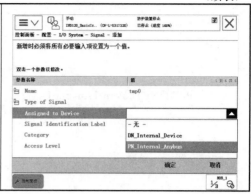

7. 基于 Profibus 设定信号的方法和 ABB 标准 I/O 板卡上设定信号的方法基本一样。
要注意的区别就是在"Assigned to Device"中选择"PN_Internal_Anybus"选项

任务评价与自学报告

1. 任务单

姓名		工作名称	
班级		小组成员	
指导教师		分工内容	
计划用时		实施地点	
完成日期		备注	
准备工作			
资料	工具	设备	
工作内容与实施			
工作内容	实施		
1. Profibus 适配器的连接			
2. Profinet 适配器的连接			

2．评价

1）自我评价

序号	评价项目	是	否
1	是否明确人员职责		
2	是否按时完成工作任务的准备部分		
3	着装是否规范		
4	是否主动参与工作现场的清洁和整理工作		
5	是否主动帮助同学		
6	是否完成了清洁工作和维护工具的摆放		
7	是否执行"6S"规定		
8	是否掌握 Profinet 适配器的连接和 Profibus 适配器的连接		
9	能否遵守安全原则和规程		
评价人		分数	时间

2）小组评价

序号	评价项目	评价情况
1	与其他同学的沟通	
2	是否尊重他人	
3	工作态度是否积极主动	
4	是否服从教师的安排	
5	着装是否符合标准	
6	能否正确地理解他人提出的问题	
7	能否按照安全和规范的规程操作	
8	能否保持工作环境的干净整洁	
9	是否遵守工作场所的规章制度	
10	是否有工作岗位的责任心	
11	是否全勤	
12	是否能正确对待肯定和否定的意见	
13	团队工作中的表现如何	
14	是否达到任务目标	
15	存在的问题和建议	

3）教师评价

课程名称		工作名称		完成地点	
姓名		小组成员			
序号	项目			分值	得分
1	简答题			30	
2	配置 Profibus 适配器的步骤			40	
3	配置 Profinet 适配器的步骤			30	

4）工作评价

	评价内容				
	完成的质量（60分）	技能提升能力（20分）	知识掌握能力（10分）	团队合作（10分）	备注
自我评价					
小组评价					
教师评价					

自学报告

自学任务	配置 Profibus 适配器与 Profinet 适配器
自学内容	
收获	
存在的问题	
改进措施	
总结	

习题

一、选择题

1. 配置I/O板卡的总线连接是在示教器的（　　）。

   A. 校准窗口   B. 控制面板窗口

   C. 程序数据窗口   D. 系统信息窗口

2. 最新版的ABB系统在配置总线连接时，需要配置的参数包含（　　）。

   A. 名称   B. 地址   C. 类型   D. 通信方式

3. 配置总线连接参数是在哪种类型中？（　　）

   A. Motion   B. I/O Syetem

   C. Controller   D. Communication

4. 下列参数中可以创建I/O信号的是（　　）。

   A. Signal   B. System Input

   C. DeviceNet Device   D. System Output

5. 下列是Gi1信号的类型的（　　）。

   A. digital input   B. analog input   C. group input   D. 以上都不是

6. 在哪个参数中可以创建I/O信号？（　　）

   A. Signal   B. System Input

   C. DeviceNet Device   D. System Output

7. Gi1信号的类型是下列哪一种？（　　）

   A. digital input   B. analog input   C. group input   D. 以上都不是

8. 在DSQC652板卡中，代表数字输出信号的端子是哪个？（　　）

   A. X1   B. X2   C. X3   D. X4

9. 在定义模拟输出信号ao1时，输入占用地址的方式是（　　）。

   A. 0   B. 15

   C. 0-15   D. 0 至 15 中间的任意值

10. ABB工业机器人标准的用于输送链跟踪的I/O板卡是（　　）。

   A. DSQC653   B. DSQC667   C. DSQC377A   D. DSQC509

11. ABB工业机器人标准数字输出I/O板卡的输出电压是（　　）。

   A. 0V   B. +24V   C. -24V   D. 以上都不是

12. 在DSQC377A板卡中，哪个端子是供电电源使用的？（　　）

   A. X3   B. X5   C. X20   D. 以上都不是

13. 在DSQC651板卡中，X1端子的分配地址范围是（　　）。

   A. 0～7   B. 8～15   C. 32～39   D. 任意值

14. 下图中I/O板卡的地址是多少？（ ）

    A. 10   B. 11   C. 12   D. 13

15. 使用DeviceNet总线的机器人每台最多可下挂（ ）块I/O板卡。

    A. 10   B. 16   C. 20   D. 24

16. 在教学中的焊接机器人的标准I/O板卡一般是（ ）。

    A. DSQC651   B. DSQC652   C. DSQC653   D. DSQC335A

17. 在教学中的搬运机器人的标准I/O板卡一般是（ ）。

    A. DSQC651   B. DSQC652   C. DSQC653   D. DSQC335A

18. 在DSQC651采用DeviceNet总线连接时，哪个端子是决定模块在总线中的地址的？（ ）

    A. X1 端子   B. X3 端子   C. X5 端子   D. X6 端子

19. X5端子是DeviceNet总线接口，其上的编号6~12跳线用来决定模块（I/O板卡）在总线中的地址，可用范围为（ ）。

    A. 0~15   B. 16~31   C. 0~31   D. 10~63

20. 在哪个参数中可以设置系统输入与I/O信号的关联？（ ）

    A. Signal   B. System Input   C. System Output   D. 以上都不是

二、填空题

1. 用于定义系统配置并在机器人出厂时能够根据客户的需要进行定义的是_____。

2. ABB工业机器人系统参数在控制器中根据不同的类型可分为____个系统参数主题。

3. ABB工业机器人系统参数在控制器中被存储在一个单独的配置文件中，这样的文件称为_____。

4. ABB工业机器人系统参数的配置是在ABB主菜单的_____中进行的。

5. 系统参数可以在_____或Robotstudio online上编辑。

6. 保存系统参数配置的方式有_____。

7. 加载机器人系统参数应用的模式有___种。

8. 在对机器人系统参数名称或参数值更改时，编辑值的方法取决于值的_____。

9. ABB工业机器人标准I/O板卡DSQC651都是下挂在DeviceNet现场总线下的设备，通过_____与DeviceNet现场总线进行通信。

10. 组输入信号gi1占用地址_____共4位，可以代表十进制数_____。

11. 组输入信号gi1占用地址5位的话，可以代表十进制数_____。

12. 在配置I/O信号中要设定I/O板卡在系统中的名称、_____、I/O板卡连接的总线、_____。

13. 在配置I/O信号时要设定_____、I/O板卡的类型、_____、I/O板卡在总线中的地址。

14. DSQC651板卡主要提供____个数字输入信号、____个数字输出信号和___个模拟输出信号的处理。

15. DSQC652板卡主要提供____个数字输入信号和____个数字输出信号的处理。

16. DSQC653板卡主要提供___个数字输入信号和___个数字继电器输出信号的处理。

17. DSQC355A板卡主要提供__个模拟输入信号和__个模拟输出信号的处理。

18. DSQC377A板卡主要提供机器人_____功能所需的编码器与_____信号的处理。

19. 在教学中的搬运机器人的标准I/O板卡一般是_____。

20. 在教学中的焊接机器人的标准I/O板卡一般是_____。

三、判断题

1. ABB工业机器人标准I/O板卡DSQC652的第一个输出端口的分配地址是32。（ ）

2. ABB工业机器人标准I/O板卡分配的地址都是一样的。（ ）

3. ABB标准I/O板卡DSQC651为8入8出的数字板，并且8个输出为继电器输出。（ ）

4. ABB工业机器人标准I/O板卡的输出端口的输出电压是+24V。（ ）

5. ABB标准I/O板卡DSQC652提供8个数字输入信号和8个数字输出信号的处理。（ ）

6. 在教学中的搬运机器人的标准I/O板卡一般是DSQC651。（ ）

7. X5端子是DeviceNet总线接口，其上的编号6～12跳线用来决定模块（I/O板卡）在总线中的地址，如果将第8脚和第10脚的跳线剪去，可获得8+10=18的地址。（ ）

8. 每台机器人最多只能下挂1块I/O板卡。（ ）

9. 系统输入/输出的设定方法与数字输入/输出的设定方法一样。（ ）

10. 数字输出信号do1可以实现对电动机的开启。（ ）

11. 数字输入信号di1可以实现机器人对外围设备的控制，比如电主轴的转动。（ ）

12. 一个信号可以转化为模拟信号，并且信号的值也可以修改。（ ）

13. 任何I/O信号都可以与系统输入/输出状态建立关联。（ ）

14. 模拟量信号不可以与系统输入/输出状态建立关联。（ ）

15. ABB工业机器人系统参数的每个不同参数主题都包含用于配置系统的不同类型。（ ）

16. 在对机器人系统进行较大更改时，建议先保存系统参数配置。（　　）

17. 在修改机器人系统参数名称或参数值时，所有的操作都是双击进行更改。（　　）

18. 在示教器的系统信息窗口上可以配置系统参数。（　　）

19. 机器人系统参数是机器人出厂时已配置好的，用户无须再定义。（　　）

20. 加载机器人参数只能加载系统自带的参数。（　　）

四、问答题

1. 使用ABB标准I/O板卡通信，请写出可以定义几种类型的I/O信号。

2. 请写出至少4种的ABB工业机器人系统可以通过I/O信号关联输出的状态。

3. 在定义I/O信号时，需要设定哪些相关参数？

4. 请列举至少5种常用的ABB标准I/O板卡。

项目 5 ABB 工业机器人在线程序编写

项目引入

无论工业机器人做什么工作，首先都需要编写程序。基础编程是运动轨迹程序的编写。有些工业机器人的运动轨迹比较简单，如上下料；有些运动轨迹则非常复杂，比如雕刻工业机器人的复杂型面。但复杂轨迹是由简单轨迹构成的，故轨迹编程一般借助轨迹训练模型来完成。轨迹训练模型由优质铝材加工制造，表面经过阳极氧化处理，通过在平面、曲面上蚀刻不同图形规则的图案（平行四边形、五角星、椭圆、风车图案、凹字形图案等多种不同轨迹的图案）来完成轨迹训练模型制造。通过本项目的学习，大家可以了解ABB工业机器人编程语言RAPID的基本概念及其中任务、模块、例行程序之间的关系，掌握常用RAPID指令和中断程序的用法。

RAPID是一种基于计算机的高级编程语言，易学易用，灵活性强。支持二次开发，支持中断、错误处理、多任务处理等高级功能。在RAPID程序中包含了一连串控制机器人的指令，执行这些指令可以实现对机器人的控制操作。应用程序是使用称为 RAPID 编程语言的特定词汇和语法编写而成的。所包含的指令可以移动机器人、设置输出、读取输入，还能实现决策、重复其他指令、构造程序、与系统操作员交流等功能。

技能要求与素质要求

技能要求	素质要求
1. 能使用单步、连续等方式运行工业机器人程序	1. 新时代的工匠精神
2. 能根据要求建立程序模块和例行程序	2. 传承文化，牢记使命，忠于职守，爱岗敬业
3. 能根据运行结果对位置、姿态、速度等工业机器人程序参数进行调整	3. 阳光向上，拼搏进取，以身作则
4. 能够使用直线、圆弧、关节等指令进行示教编程	

思政案例

于敏："两弹一星功勋奖章"获得者

近代中国内忧外患，而于敏就出生在这样的社会背景下。过去西方列强依仗自己强大的武力肆意践踏落后的中国。堂堂七尺男儿，怎会忍心看着自己的家国被外人欺负呢？于敏一不做二不休，转入理学院，开启了研究之路。可是，万事开头难，我国在原子弹、氢弹领域的研究几乎是空白的。同时，美国正在虎视眈眈地看向新中国，苏联也临阵倒戈，一时间，中国的原子弹、氢弹研究几乎就要在萌芽中夭折了。即使是这样，研究人员依旧舍小家为大家，毅然决然地走进大漠荒烟，为祖国核试验贡献自己的一份力量。1967年6月17日，在罗布泊沙漠深处，蘑菇云腾空而起，一声巨响震惊世界，中国首颗氢弹爆炸成功！美国从第一颗原子弹爆炸到第一颗氢弹爆炸用了7年零3个月，而用时最短的苏联也用了近四年的时间。中国却用了仅仅2年零8个月的时间，就完成了氢弹的研发，这无疑是伟大的奇迹！氢弹爆炸成功的背后是无数研究人员面对窘迫处境的坚毅，反观有些学生在学习上遇到了一点儿小挫折就想着要放弃，总让外界因素成为自己懒惰的理由，我们应该要向他们学习：学习他们的屹立不倒，学习他们的坚持不懈，作为新时代青年更要迎难而上，在未来能够为国家贡献自己的微薄之力。有人一生执迷于寻求生命的长度，而有人终其一生都在无限延长自己生命的宽度。千千万万个大国工匠，在有限的时间里，完成着无限的使命，没有他们的披荆斩棘，就不会有我们如今的幸福生活。

任务 5.1　工业机器人运动轨迹

任务引入

无论工业机器人做什么工作，首先都需要编写程序。基础编程是运动轨迹程序的编写。有些工业机器人的运动轨迹比较简单，如上下料；有些运动轨迹则非常复杂，比如雕刻工业机器人的复杂型面。但复杂轨迹是由简单轨迹构成的，故轨迹编程一般借助轨迹训练模型来完成。轨迹训练模型由优质铝材加工制造，表面经过阳极氧化处理，通过在平面、曲面上蚀刻不同图形规则的图案（平行四边形、五角星、椭圆、风车图案、凹字形图案等多种不同轨迹的图案）来完成轨迹训练模型的制造。模型右下角配有TCP示教辅助装置，可通过末端夹持装置（如焊枪、焊笔等）进行轨迹程序的编写，以此对机器人基本点示教，平面直线、曲线运动/曲面直线、曲线运动的轨迹示教。

任务单

<table>
<tr><td colspan="2" align="center">任务 5.1　工业机器人运动轨迹</td></tr>
<tr>
<td rowspan="1">岗课赛证要求</td>
<td>
1. 工业机器人系统操作员岗位需求
● 　能利用示教器编写工业机器人基本运动轨迹程序
● 　能启动、暂停、停止工业机器人的运行
2. 工业机器人系统技能竞赛要求
● 　编写程序，对各个工作单元进行智能化改造
3. "1+X"证书等级标准
● 　能建立程序模块和例行程序
● 　能设置运动指令的运动速度、转弯数据、过渡位置和目标位置等参数
</td>
</tr>
<tr>
<td>教学目标</td>
<td>
1. 知识与能力目标
● 　掌握工业机器人的编程方法
● 　熟悉工业机器人在线编程的特点与操作流程
2. 过程与方法目标
● 　通过手动操作，学会工业机器人的编程方法
● 　通过小组合作完成任务，学会合作学习
3. "6S"职业素养培养
● 　安全生产、规范操作意识
● 　正确摆放和使用工具等
● 　桌面保持整洁，座椅周围无垃圾或杂物
● 　下课后，离开教室时物归原主
</td>
</tr>
<tr>
<td>任务载体</td>
<td>"1+X"工业机器人编程考核平台</td>
</tr>
<tr>
<td>学习要求</td>
<td>
● 　完成任务的实际操作
● 　完成课后作业
● 　预习下一个任务
</td>
</tr>
</table>

知识点

5.1.1　认识任务、程序模块和例行程序

一个RAPID程序称为一个任务，一个任务是由一系列的模块组成的，RAPID模块可分为程序模块与系统模块。一般地，我们只通过新建程序模块来构建机器人的程序，而系统模块多用于系统方面的控制。可以根据不同的用途创建多个程序模块，如专门用于主控制的程序模块，用于位置计算的程序模块，用于存放数据的程序模块，这样的目的在于方便归类管理不同用途的例行程序与数据。

每一个程序模块包含了程序数据、例行程序、中断程序和功能四种对象，但不一定在每一个模块中都有这四种对象的存在，程序模块之间的数据、例行程序、中断程序和功能是可以互相调用的。

在RAPID程序中，只有一个主程序main，并且存在于任意一个程序模块中，并且是作为整个RAPID程序执行的起点。建立任务、程序模块和例行程序步骤如表5.1所示。

表 5.1　建立任务、程序模块和例行程序步骤

说明	示例图
1. 单击左上角的主菜单按钮，选择"程序编辑器"选项	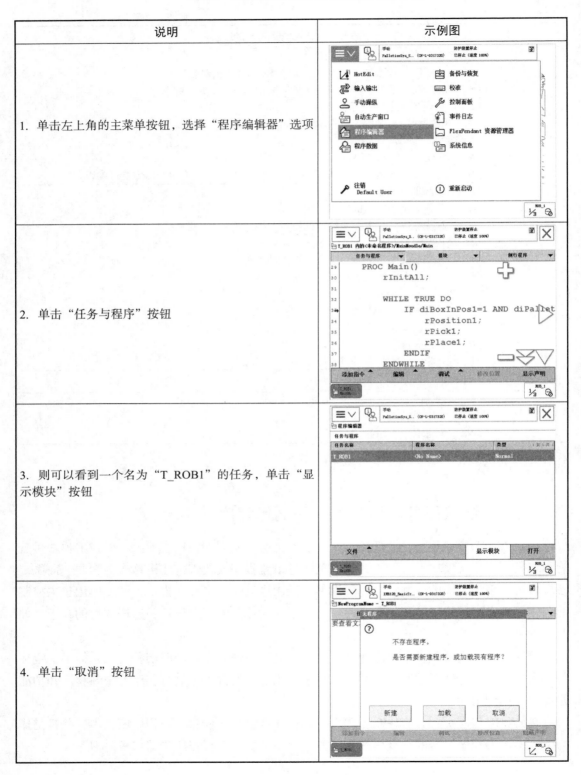
2. 单击"任务与程序"按钮	
3. 则可以看到一个名为"T_ROB1"的任务，单击"显示模块"按钮	
4. 单击"取消"按钮	

（续表）

5. 单击左下角的"文件"菜单按钮，选择"新建模块"选项	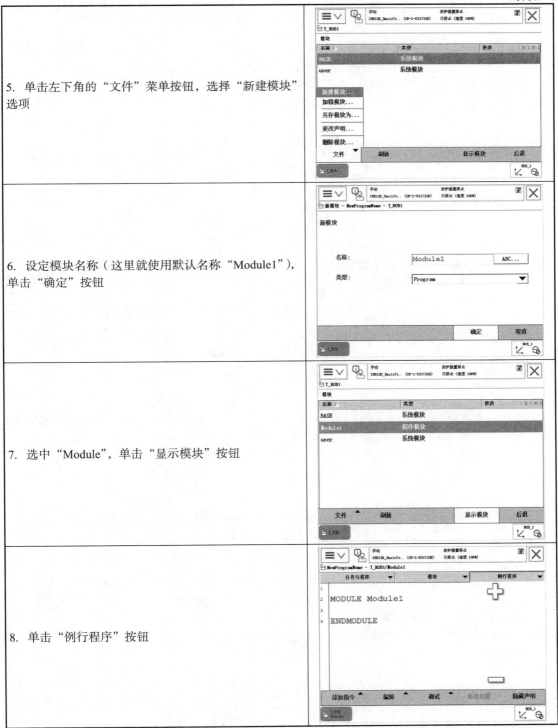
6. 设定模块名称（这里就使用默认名称"Module1"），单击"确定"按钮	
7. 选中"Module"，单击"显示模块"按钮	
8. 单击"例行程序"按钮	

（续表）

9. 单击左下角的"文件"菜单按钮，选择"新建例行程序"选项	
10. 设定例行程序名称（这里就使用默认名称"Routine1"），单击"确定"按钮	
11. 选中"Routine1（ ）"，单击"显示例行程序"按钮	
12. 选中要插入指令的程序位置，高显为蓝色，单击"添加指令"按钮打开指令列表，单击此按钮可切换到其他分类的指令列表	

（续表）

13. 可以看到在该任务程序中有名为"BASE"和"user"的系统模块，还有一个名为"MainMoudle"的程序模块	
14. 选中"MainModule"，单击"显示模块"按钮则可以查看到该模块里的所有例行程序	
15. 其中，A.主程序——main； B. 例行程序——rPick1； C. 中断程序—— tPallet1	
16. 选中某一个例行程序，单击"显示例行程序"按钮，则可以查看其中的代码	

5.1.2 常用运动指令

1. 绝对位置运动指令（MoveAbsJ）

绝对位置运动指令，如图5.1所示。指机器人的运动使用6个轴和外轴的角度值来定义目标位置数据，MoveAbsJ常用于机器人6个轴回到机械零点的位置，当然也有6个轴不回机械零点的，比如搬运机器人可设置为第五轴为90°，其他轴为0°。表5.2是绝对位置运动指令参数的定义。

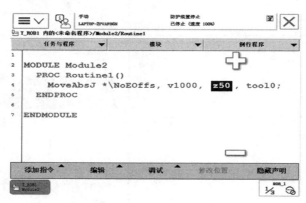

图 5.1　绝对位置运动指令

表 5.2　绝对位置运动指令参数的定义

序号	参数	定义
1	*	目标点名称，位置数据，也可以定义，如定义为jpos10
2	\NoEOffs	外轴不带偏移数据
3	v1000	运动速度数据，1000m/s
4	z50	转弯区数据，转弯区的数值越大，则表示机器人的动作越流畅
5	tool0	工具坐标数据
6	Wobj0	工件坐标数据

2. 线性运动指令（MoveL）

首先我们来看看线性运动指令参数的定义，如表5.4所示。线性运动是机器人的TCP从起点到终点之间的路径始终保持为直线，一般如焊接、涂胶等应用对路径要求高的场合使用此指令。线性运动示意图如图5.2所示。

添加线性指令的步骤如表5.3所示。

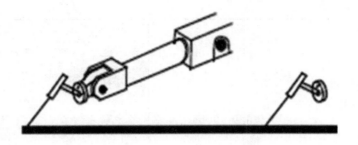

图 5.2　线性运动示意图

表 5.3　添加线性指令的步骤

说明	示意图
1.　选择"程序编辑器"选项	
2.　单击"模块"按钮	
3.　选择"新建模块"选项	

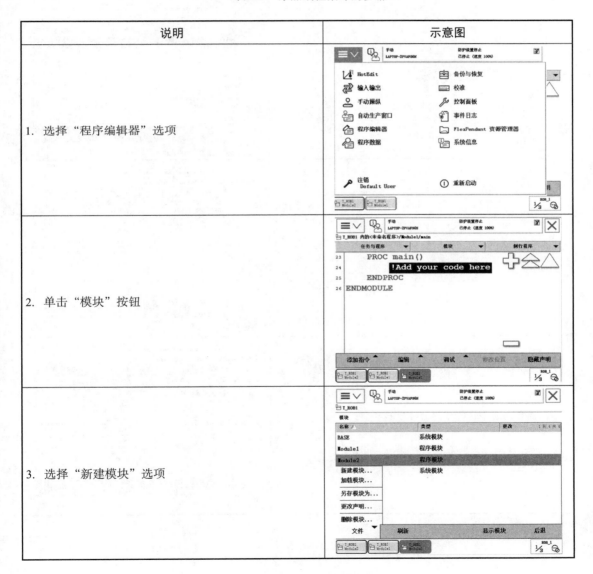

（续表）

4. 单击"例行程序"按钮	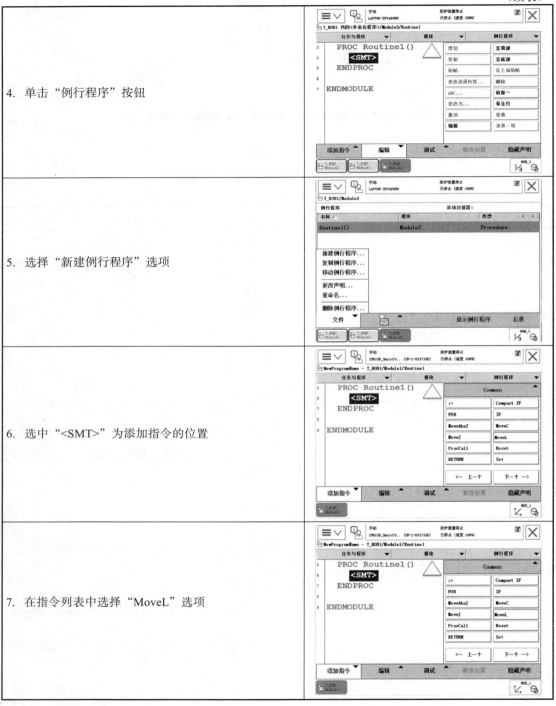
5. 选择"新建例行程序"选项	
6. 选中"<SMT>"为添加指令的位置	
7. 在指令列表中选择"MoveL"选项	

（续表）

8. 选中"*"号并蓝色高亮显示，再单击"*"号	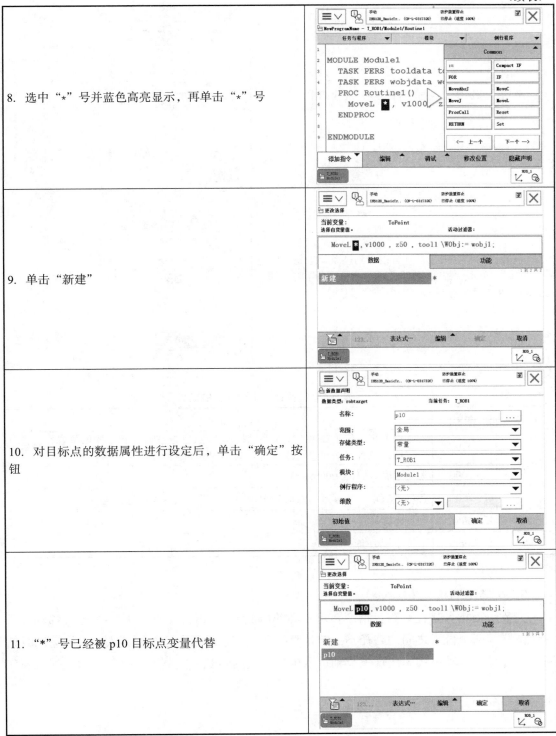
9. 单击"新建"	
10. 对目标点的数据属性进行设定后，单击"确定"按钮	
11. "*"号已经被 p10 目标点变量代替	

（续表）

12. 单击"添加指令"按钮将指令列表收起来	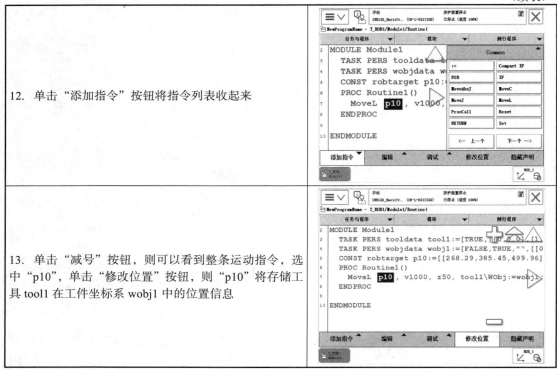
13. 单击"减号"按钮，则可以看到整条运动指令，选中"p10"，单击"修改位置"按钮，则"p10"将存储工具 tool1 在工件坐标系 wobj1 中的位置信息	

表 5.4　线性运动指令参数的定义

序号	参数	定义
1	p10	目标点名称，位置数据，定义当前机器人 TCP 在工件坐标系中的位置，通过单击"修改位置"按钮进行修改
2	v1000	运动速度数据，1000m/s
3	z50	转弯区数据，转弯区的数值越大，则表示机器人的动作越流畅
4	tool0	工具坐标数据
5	Wobj0	工件坐标数据

3. 关节运动指令（MoveJ）

关节运动指令是在对路径精度要求不高的情况下，机器人的TCP从一个位置移动到另一个位置，两个位置之间的路径不一定是直线。关节运动指令适合机器人大范围运动时使用，不容易在运动过程中出现关节轴进入机械死点的问题，关节运动路径如图5.3所示。

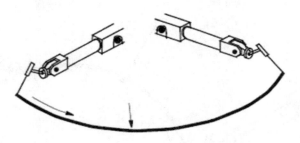

图 5.3　关节运动路径

指令：MoveL p1, v200, z10, tool1\Wobj:=wobj1；机器人的TCP从当前位置向p1点（如图5.4所示）以线性运动方式前进，速度是200mm/s，转弯区的数据是10mm，距离p1点还有10mm的时候开始转弯，使用的工具数据是tool1，工件坐标数据是wobj1。

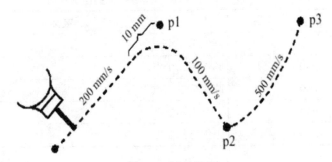

图 5.4　运动路径

指令：MoveL p2, v100, fine, tool1\Wobj:=wobj1；机器人的TCP从p1位置向p2点（如图5.4所示）以线性运动方式前进，速度是100mm/s，转弯区的数据是fine，机器人在p2点稍做停顿，使用的工具数据是tool1，工件坐标数据是wobj1。

指令：MoveJ p3, v500, fine, tool1\Wobj:=wobj1；机器人的TCP从p2位置向p3点（如图5.4所示）以关节运动方式前进，速度是100mm/s，转弯区的数据是fine，机器人在p3点停止，使用的工具数据是tool1，工件坐标数据是wobj1。fine指机器人TCP达到目标点，在目标点处速度降为零。机器人动作有所停顿然后再向下运动，如果是一段路径的最后一个点一定要为fine。转弯区数值越大，则机器人的动作路径就越流畅。速度一般最高只有5000mm/s，在手动限速状态下，所有的运动速度被限速在250mm/s。

4. 圆弧运动指令（MoveC）

圆弧运动指令参数的定义，如表5.5所示。在机器人可到达的空间范围内定义三个位置点，第一个点是圆弧的起点，第二个点用于圆弧的曲率，第三个点是圆弧的终点，圆弧运动路径如图5.5所示。

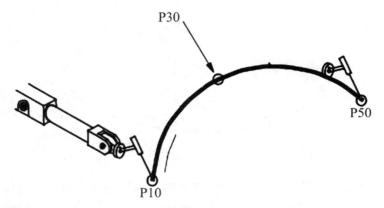

图 5.5　圆弧运动路径

表 5.5　圆弧运动指令参数的定义

序号	参数	定义
1	p10	圆弧第一个点
2	p30	圆弧第二个点
3	p40	圆弧第三个点
4	tool0	工具坐标数据
5	Wobj0	工件坐标数据

5.赋值指令（：＝）

赋值指令（：＝）用于对程序数据进行赋值，赋值可以是一个常量或数学表达式。我们就以添加一个常量赋值与数学表达式赋值来说明此指令的使用。

例如，常量赋值：reg1 := 5。

添加赋值指令的步骤如表5.6所示。

表 5.6　添加赋值指令的步骤

说明	示意图
1. 选择"程序编辑器"选项	

（续表）

2. 单击"模块"按钮	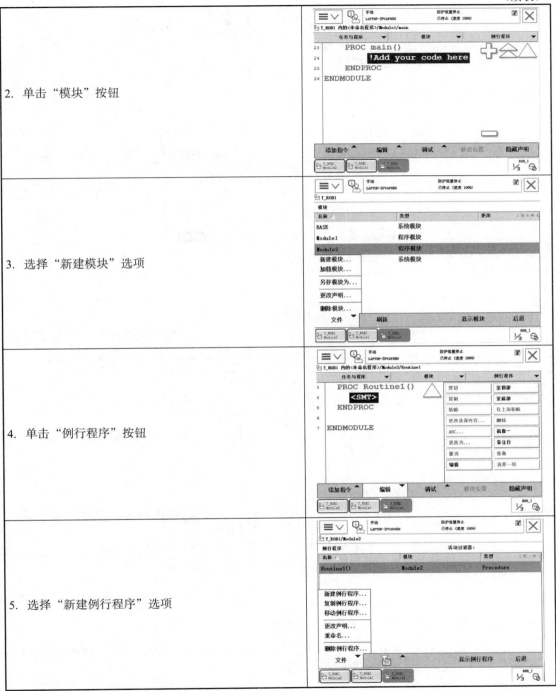
3. 选择"新建模块"选项	
4. 单击"例行程序"按钮	
5. 选择"新建例行程序"选项	

（续表）

6. 选中 "<SMT>" 为添加指令的位置	
7. 在指令列表中选择 "：=" 选项	
8. 单击 "更改数据类型…" 按钮	
9. 在列表中找到 "num" 并选中，然后单击 "确定" 按钮	

（续表）

10.　选中"reg1"	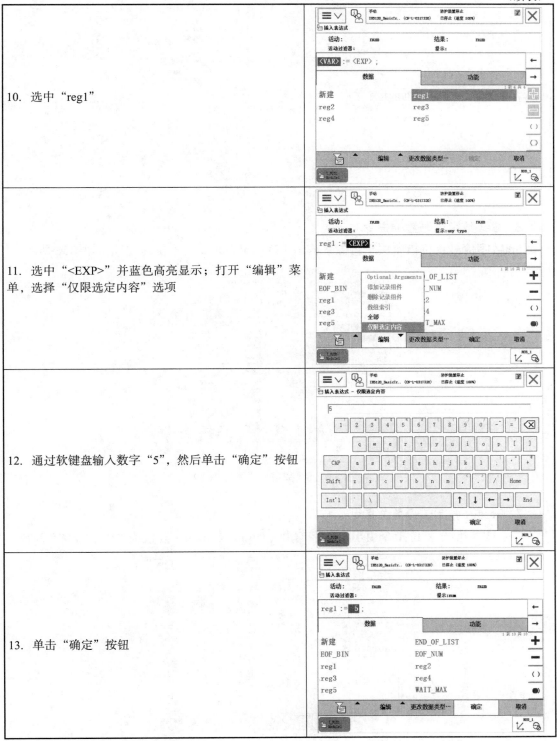
11.　选中"<EXP>"并蓝色高亮显示；打开"编辑"菜单，选择"仅限选定内容"选项	
12.　通过软键盘输入数字"5"，然后单击"确定"按钮	
13.　单击"确定"按钮	

（续表）

14. 在这里就能看到所增加的指令了	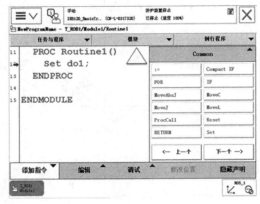

6. Set 数字信号置位指令

Set数字信号置位指令用于将数字输出（Digital Output）置位为 "1"，如图5.6所示。

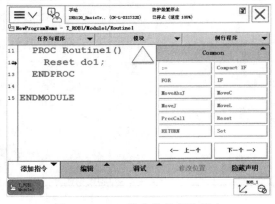

图 5.6　Set 数字信号置位指令

7. Reset 数字信号复位指令

Reset数字信号复位指令用于将数字输出（Digital Output）复位为 "0"，如图5.7所示。

图 5.7　Reset 数字信号复位指令

注意：如果在Set数字信号置位指令、Reset数字信号复位指令前有运动指令MoveJ、MoveL、MoveC、MoveAbsj的转变区的数据，必须使用fine才可以准确到达目标点后输出I/O信号状态的变化。

8. WaitDI 数字输入信号判断指令

WaitDI数字输入判断信号，如图5.8所示。该指令用于判断数字输入信号的值是否与目标值一致。

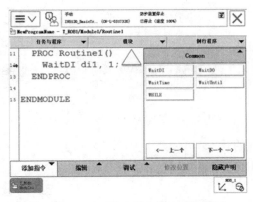

图 5.8　WaitDI 数字输入信号判断指令

在例子中，当程序执行此指令时，等待di1的值为1。

如果di1的值为1，则程序继续往下执行。如果到达最大等待时间300秒（此时间可根据实际情况进行设定）以后，di1的值还不为1的话，则机器人报警或进入出错处理程序。

9. WaitUntil 信号判断指令

WaitUntil信号判断指令，如图5.9所示。该指令可用于布尔量、数字量和I/O信号值的判断，如果条件到达指令中的设定值，则程序继续往下执行，否则就一直等待，除非设定了最大等待时间。

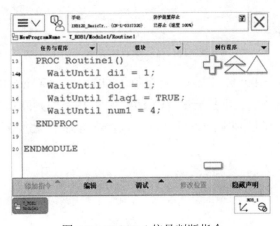

图 5.9　WaitUnti 信号判断指令

10. Compact IF 紧凑型条件判断指令如图 5.10 所示。

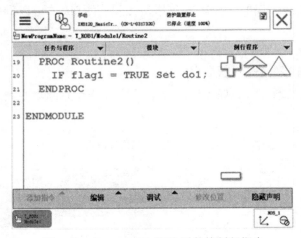

图 5.10　Compact IF 紧凑型条件判断指令

指令解析：如果flag1的状态为TRUE，则do1被置位为"1"，Compact IF 紧凑型条件判断指令用于当一个条件满足了以后，就执行一句指令。

11. IF 条件判断指令，如图 5.11 所示。

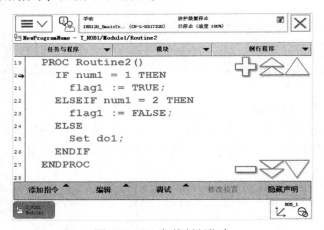

图 5.11　IF 条件判断指令

指令解析：如果num1为1，则flag1会赋值为TRUE；如果num1为2，则flag1会赋值为FALSE，除了以上两个条件，则执行do1置位为"1"。IF条件判断指令，就是根据不同的条件去执行不同的指令。条件判定的条件数量可以根据实际情况进行增加或减少。

12. FOR 重复执行判断指令，如图 5.12 所示。

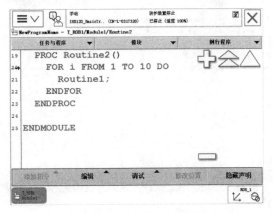

图 5.12　FOR 重复执行指令

指令解析：例行程序Routine1，重复执行10次，FOR重复执行判断指令，适用于一个或多个指令需要重复执行数次的情况。

13. WHILE 条件判断指令，如图 5.13 所示。

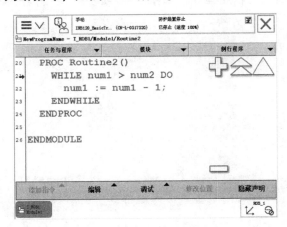

图 5.13　WHILE 条件判断指令

指令解析：在num1>num2的条件满足的情况下，就一直执行num1:=num1-1的操作；WHILE条件判断指令，用于在给定的条件满足的情况下，一直重复执行对应的指令的。

14. WaitTime 等待指令，如图 5.14 所示。

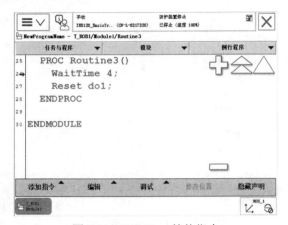

图 5.14   WaitTime 等待指令

指令解析：等待4秒钟以后，程序向下执行Reset do1这个指令；WaitTime等待指令，用于程序在等待一个指定的时间以后，再继续向下执行。

15. RETURN 返回例行程序指令，如图 5.15 所示。

图 5.15   RETURN 返回例行程序指令

指令解析：当di1=1时，执行RETURN返回例行程序指令，程序指针返回到调用Routine2的位置并继续向下执行Set do1这个指令；当RETURN返回例行程序指令被执行时，则马上结束本例行程序的执行，返回程序指针到调用此例行程序的位置。

任务评价与自学报告

1. 任务单

姓名		工作名称	
班级		小组成员	
指导教师		分工内容	
计划用时		实施地点	
完成日期		备注	
准备工作			
资料	工具	设备	
工作内容与实施			
工作内容	实施		
1. 模块的建立			
2. 例行程序的建立			
3. 运动指令的应用			

2. 评价

1）自我评价

序号	评价项目	是	否
1	是否明确人员职责		
2	是否按时完成工作任务的准备部分		
3	着装是否规范		
4	是否主动参与工作现场的清洁和整理工作		
5	是否主动帮助同学		
6	是否完成了清洁工作和维护工具的摆放		
7	是否执行"6S"规定		
8	能否完成图形的绘制		
9	能否遵守安全原则和规程		
评价人		分数		时间	

2）小组评价

序号	评价项目	评价情况
1	与其他同学的沟通	
2	是否尊重他人	
3	工作态度是否积极主动	
4	是否服从教师的安排	
5	着装是否符合标准	
6	能否正确地理解他人提出的问题	
7	能否按照安全和规范的规程操作	
8	能否保持工作环境的干净整洁	
9	是否遵守工作场所的规章制度	
10	是否有工作岗位的责任心	
11	是否全勤	
12	是否能正确对待肯定和否定的意见	
13	团队工作中的表现如何	
14	是否达到任务目标	
15	存在的问题和建议	

3）教师评价

课程名称		工作名称		完成地点	
姓名		小组成员			
序号	项目			分值	得分
1	简答题			30	
2	模块建立步骤			10	
3	例行程序建立步骤			30	
4	完成图形的程序建立并画出图形			30	

4）工作评价

	评价内容				
	完成的质量（60分）	技能提升能力（20分）	知识掌握能力（10分）	团队合作（10分）	备注
自我评价					
小组评价					
教师评价					

自学报告

自学任务	运动指令的应用
自学内容	
收获	
存在的问题	
改进措施	
总结	

任务 5.2　建立程序的基本流程

任务引入

　　工业机器人的工作站是指能进行简单作业，且使用一台或多台机器人的生产体系。工业机器人的生产线是指进行工序内容多的复杂作业，且使用了两台以上机器人的生产体系。

任务单

任务 5.2 建立程序基本流程	
岗课赛证要求	1. 工业机器人系统操作员岗位需求 ● 能根据工业机器人的位置数据、运行状态及运动轨迹调整程序 ● 能利用示教器控制外部辅助设备 ● 能创建程序，添加作业指令，进行系统工艺程序的编写与调试 2. 工业机器人系统技能竞赛要求 ● 实现各单元相应的工件动作 3. "1+X" 证书等级标准 ● 掌握运动指令的编程方式 ● 掌握编程技巧
教学目标	1. 知识与能力目标 ● 掌握工业机器人的程序编写流程 ● 能熟练地在示教器上编写出符合任务要求的程序 2. 过程与方法目标 ● 编写完整的并且符合题目要求的程序 3. "6S" 职业素养培养 ● 安全生产、规范操作意识 ● 正确摆放和使用工具等 ● 桌面保持整洁，座椅周围无垃圾或杂物 ● 下课后，离开教室时物归原主
任务载体	"1+X" 工业机器人编程考核平台
学习要求	● 完成任务的实际操作 ● 完成课后作业 ● 预习下一个任务

知识点

首先要确定需要多少个程序模块。多少个程序模块是由应用的复杂性所决定的，比如可以将位置计算、程序数据、逻辑控制等分配到不同的程序模块中，方便管理；确定各个程序模块要建立的例行程序，不同的功能就放到不同的程序模块中去，如夹具打开、夹具关闭这样的功能就可以分别建立例行程序，方便调用与管理。确定工作要求：

（1）当机器人空闲时，在位置点pHome等待。

（2）如果外部信号di1输入为1时，机器人沿着物体的一条边从p10点到p20点走一条直线，结束以后回到pHome点。p10点到p20点的运行步骤如表5.7所示。

表 5.7　p10 点到 p20 点的运行步骤

说明	示意图
1. 单击左上角的主菜单按钮；选择"程序编辑器"选项	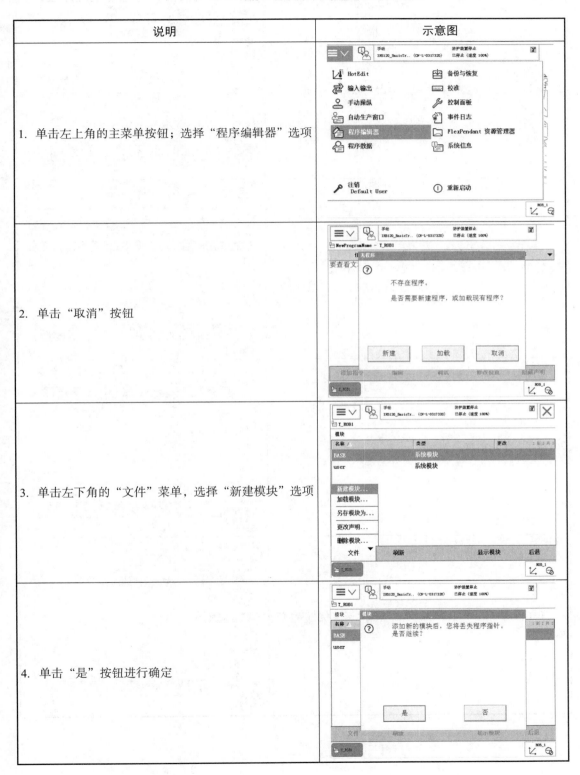
2. 单击"取消"按钮	
3. 单击左下角的"文件"菜单，选择"新建模块"选项	
4. 单击"是"按钮进行确定	

（续表）

5. 在定义程序模块的名称后，单击"确定"按钮	
6. 选中"Module1"，单击"显示模块"按钮	
7. 单击"例行程序"按钮	
8. 单击左下角的"文件"菜单，选择"新建例行程序"选项	

（续表）

9.　首先建立一个主程序 main；单击"确定"按钮	
10.　选中"rHome()"，然后单击"显示例行程序"按钮；建立图中所示的所有例行程序	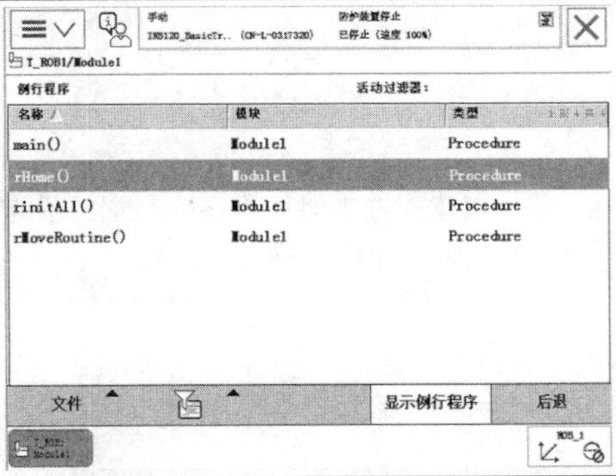
11.　在"手动操纵"菜单内，确认已选中要使用的工具坐标与工件坐标	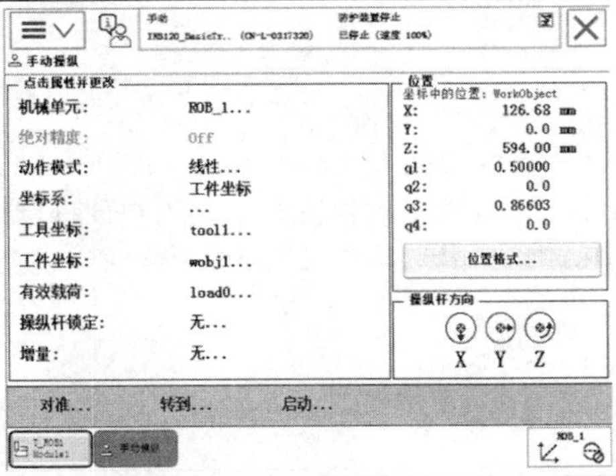
12.　回到程序编辑器，单击"添加指令"按钮，打开指令列表；选中"<SMT>"为插入指令的位置	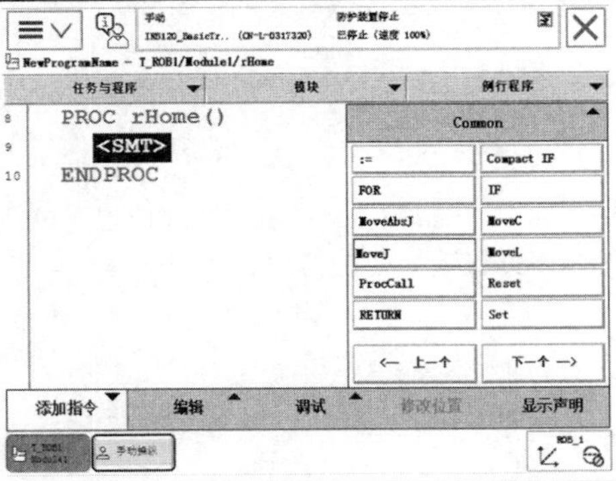

（续表）

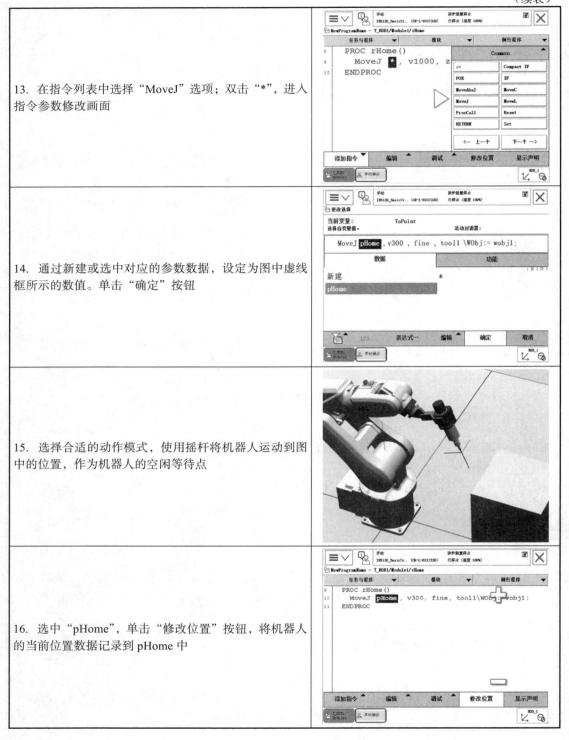

13. 在指令列表中选择"MoveJ"选项；双击"*"，进入指令参数修改画面	
14. 通过新建或选中对应的参数数据，设定为图中虚线框所示的数值。单击"确定"按钮	
15. 选择合适的动作模式，使用摇杆将机器人运动到图中的位置，作为机器人的空闲等待点	
16. 选中"pHome"，单击"修改位置"按钮，将机器人的当前位置数据记录到 pHome 中	

（续表）

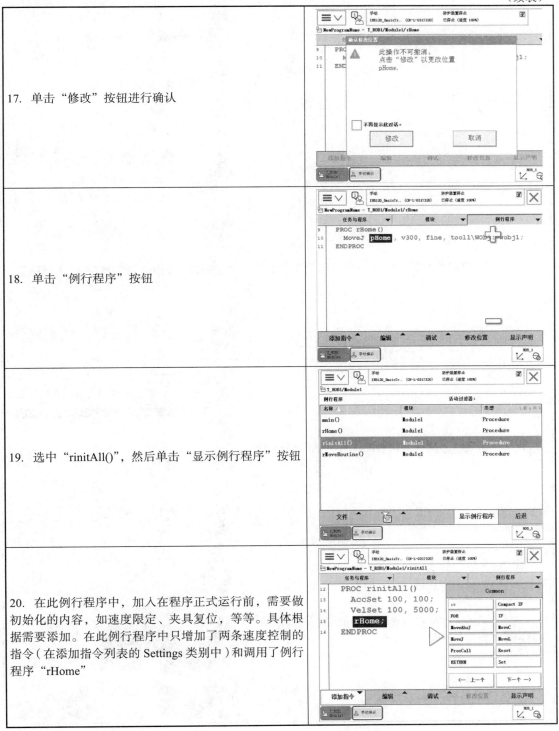

17.　单击 "修改" 按钮进行确认	
18.　单击 "例行程序" 按钮	
19.　选中 "rinitAll()"，然后单击 "显示例行程序" 按钮	
20.　在此例行程序中，加入在程序正式运行前，需要做初始化的内容，如速度限定、夹具复位，等等。具体根据需要添加。在此例行程序中只增加了两条速度控制的指令（在添加指令列表的 Settings 类别中）和调用了例行程序 "rHome"	

（续表）

21. 单击"例行程序"按钮	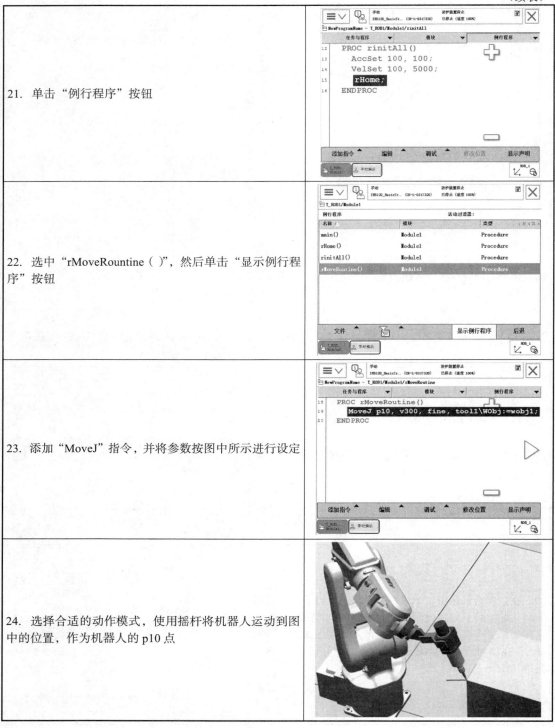
22. 选中"rMoveRountine（ ）"，然后单击"显示例行程序"按钮	
23. 添加"MoveJ"指令，并将参数按图中所示进行设定	
24. 选择合适的动作模式，使用摇杆将机器人运动到图中的位置，作为机器人的 p10 点	

（续表）

25. 选中"p10"目标点，单击"修改位置"按钮，将机器人的当前位置数据记录到 p10 中	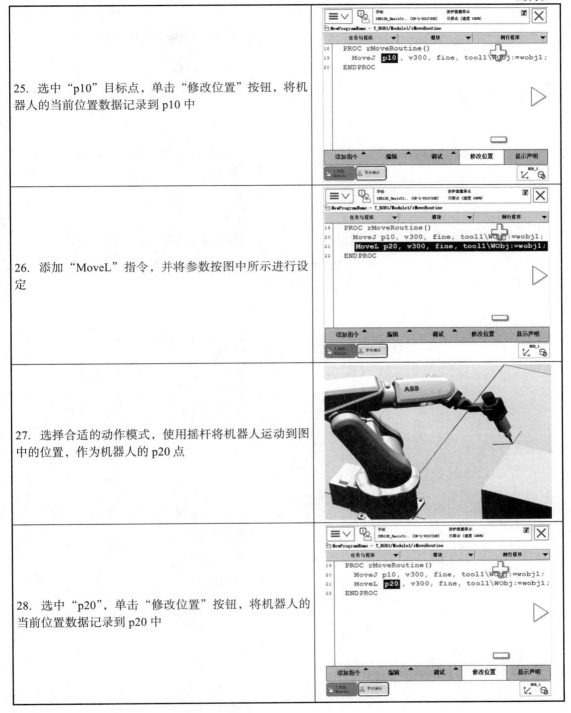
26. 添加"MoveL"指令，并将参数按图中所示进行设定	
27. 选择合适的动作模式，使用摇杆将机器人运动到图中的位置，作为机器人的 p20 点	
28. 选中"p20"，单击"修改位置"按钮，将机器人的当前位置数据记录到 p20 中	

（续表）

29. 单击"例行程序"按钮	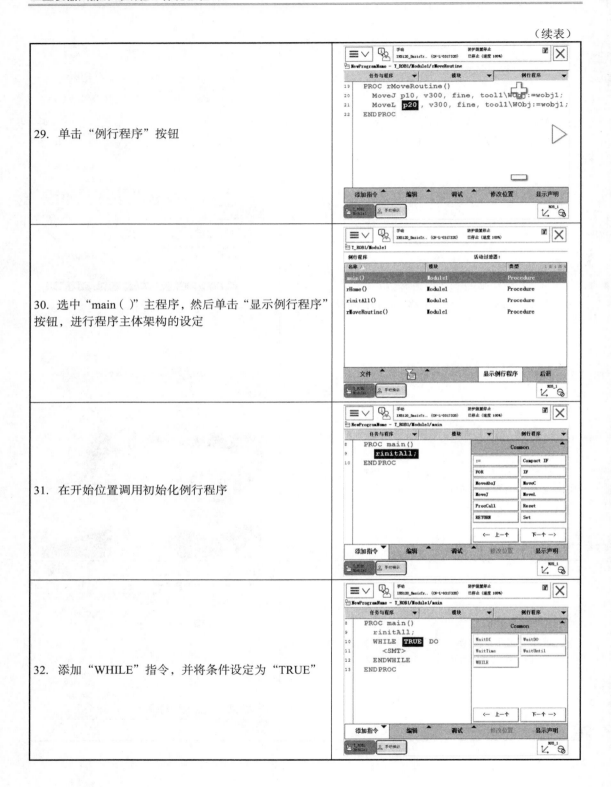
30. 选中"main（ ）"主程序，然后单击"显示例行程序"按钮，进行程序主体架构的设定	
31. 在开始位置调用初始化例行程序	
32. 添加"WHILE"指令，并将条件设定为"TRUE"	

（续表）

33.　添加 "IF" 指令到图中所示的位置	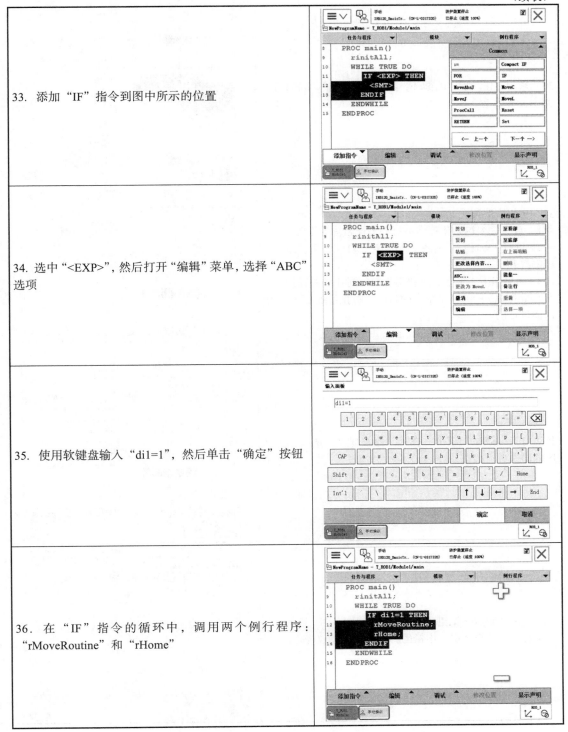
34.　选中 "<EXP>"，然后打开 "编辑" 菜单，选择 "ABC" 选项	
35.　使用软键盘输入 "di1=1"，然后单击 "确定" 按钮	
36.　在 "IF" 指令的循环中，调用两个例行程序："rMoveRoutine" 和 "rHome"	

（续表）

37．选中"IF"指令的循环，在其下方添加"WaitTime"指令，参数是 0.3 秒	
38．主程序解读： （1）首先进入初始化程序进行相关初始化的设置。 （2）进行"WHILE"指令的死循环，目的是将初始化程序隔离开。 （3）如果 di1=1 的话，则机器人执行对应的路径程序。 （4）等待 0.3 秒的这个指令的目的是防止系统 CPU 过负荷而设定的	
39．打开"调试"菜单；选择"检查程序"选项，对程序的语法进行检查	
40．单击"确定"按钮。 如果有错，系统会提示出错的具体位置与建议操作	

（续表）

41. 打开"调试"菜单，选择"PP 移至例行程序"按钮	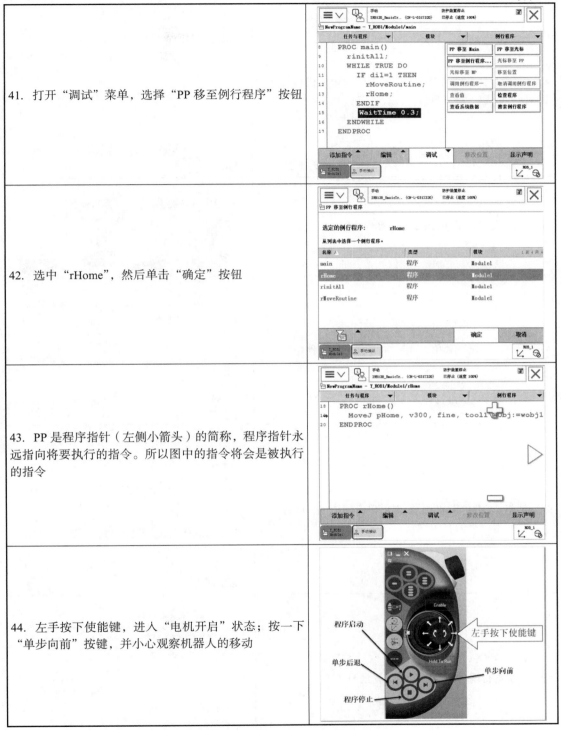
42. 选中"rHome"，然后单击"确定"按钮	
43. PP 是程序指针（左侧小箭头）的简称，程序指针永远指向将要执行的指令。所以图中的指令将会是被执行的指令	
44. 左手按下使能键，进入"电机开启"状态；按一下"单步向前"按键，并小心观察机器人的移动	

（续表）

45. 在指令的左侧出现一个小机器人，说明机器人已到达 pHome 这个等待位置	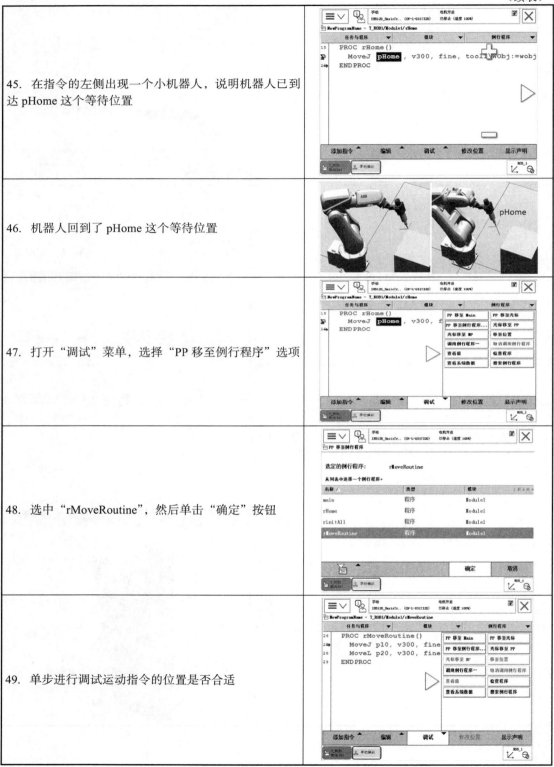
46. 机器人回到了 pHome 这个等待位置	
47. 打开"调试"菜单，选择"PP 移至例行程序"选项	
48. 选中"rMoveRoutine"，然后单击"确定"按钮	
49. 单步进行调试运动指令的位置是否合适	

（续表）

50. 机器人 TCP 从 p10 点到 p20 点进行线性运动，同理测试其他例行程序	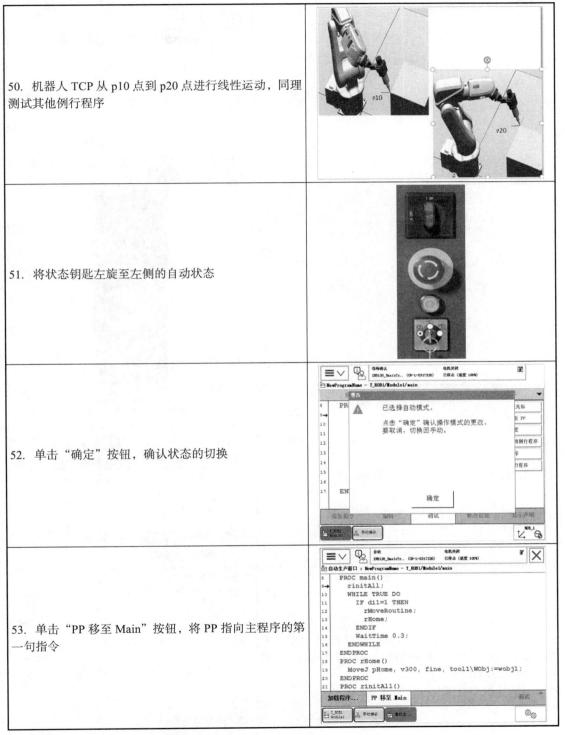
51. 将状态钥匙左旋至左侧的自动状态	
52. 单击"确定"按钮，确认状态的切换	
53. 单击"PP 移至 Main"按钮，将 PP 指向主程序的第一句指令	

（续表）

54. 单击"是"按钮	
55. 按下白色按钮，开启电机；按下"程序启动"按钮	
56. 这时，可以观察到程序已在自动运行过程中	
57. 单击左下角的快捷菜单按钮；单击"速度调整"按钮（最右侧从上到下第五个按钮），就可以在此设定程序中机器人运动的速度百分比了	

（续表）

58. 单击左上角的主菜单按钮；选择"程序编辑器"选项	
59. 单击"模块"按钮	
60. 选中需要保持的程序模块；打开"文件"菜单，选择"另存模块为"选项，就可以将程序模块保存到机器人的硬盘或 U 盘上了	

任务评价与自学报告

1. 任务单

姓名		工作名称	
班级		小组成员	
指导教师		分工内容	
计划用时		实施地点	
完成日期		备注	
准备工作			
资料	工具	设备	
工作内容与实施			
工作内容	实施		
1. 完成复杂程序的编写			
2. 实现功能			

2. 评价

1）自我评价

序号	评价项目	是	否
1	是否明确人员职责		
2	是否按时完成工作任务的准备部分		
3	着装是否规范		
4	是否主动参与工作现场的清洁和整理工作		
5	是否主动帮助同学		
6	是否完成了清洁工作和维护工具的摆放		
7	是否执行"6S"规定		
8	能否建立复杂程序完成功能		
9	能否遵守安全原则和规程		
评价人		分数		时间	

2）小组评价

序号	评价项目	评价情况
1	与其他同学的沟通	
2	是否尊重他人	
3	工作态度是否积极主动	
4	是否服从教师的安排	
5	着装是否符合标准	
6	能否正确地理解他人提出的问题	
7	能否按照安全和规范的规程操作	
8	能否保持工作环境的干净整洁	
9	是否遵守工作场所的规章制度	
10	是否有工作岗位的责任心	
11	是否全勤	
12	是否能正确对待肯定和否定的意见	
13	团队工作中的表现如何	
14	是否达到任务目标	
15	存在的问题和建议	

3）教师评价

课程名称		工作名称		完成地点	
姓名		小组成员			
序号	项目			分值	得分
1	简答题			30	
2	建立复杂程序			40	
3	实现复杂程序的功能			30	

4）工作评价

	评价内容				
	完成的质量（60分）	技能提升能力（20分）	知识掌握能力（10分）	团队合作（10分）	备注
自我评价					
小组评价					
教师评价					

自学报告

自学任务	建立复杂程序
自学内容	
收获	
存在的问题	
改进措施	
总结	

习题

一、填空题

1. 工具快换装置一般包括_____、_____两部分，工业机器人用的激光笔安装在工具快换装置的_____。

2. 工业机器人激光切割系统主要由_____、激光器（含光纤、冷水机和稳压电源）、激光头、_____、其他辅助装备（工控机、冷干机、辅助水气等）组成。

3. 气动控制采用_____作为传输信号或执行机制的动力。

4. ABB工业机器人的示教器上有_____可编程按键，作用是给可编程按键分配控制的I/O信号，将数字信号与系统的控制信号关联起来，便可通过按键进行强制控制操作。

5. 为了确保安全，在使用示教器手动运行工业机器人时，最高速度限制为_____。

6. ABB工业机器人程序启动从_____位置执行。

7. 程序指针与_____必须指向同一行指令，机器人才能正常启动。

8. ABB工业机器人有PP移至Main、_____和PP移至例行程序三种方式设置程序指针。

9. 如果需要从其他例行程序启动，需要首先将程序指针移动至_____。

10. ABB示教器上的程序启动按键分别表示_____、_____、

_____、_____、_____。

11. 在程序"MoveJ phome, v200, z5, tool0"中，_____表示位置。

12. 在调试程序时，首先应该进行_____调试，然后再进行连续运行调试。

13. ABB工业机器人的程序指令中"MoveJ"指令指的是_____。

14. 在程序"MoveJ phome, v200, z5, tool0"中，v200表示_____，z5表示_____，tool0表示_____。

15. 工业机器人安装好工具，需要对工具进行标定，工具标定的方法一般是在工具上找到一个合适的尖点作为_____，工业机器人以不同的姿态使针尖对齐，每对准一次就修改一个位置，直到按照标定方法将所有点的位置修改完。

16. _____是指工业机器人在工作时能够承受的最大载重，包括机器人本体负载和_____。

17. 工具的负载数据会影响许多控制过程，包括控制算法、速度和加速度监控、力矩监控、碰撞监控和_____等。

18. LoadIdentify是ABB工业机器人系统的服务例行程序，用于_____安装于机器人上的负载数据。

19. _____是较常见的分支结构（选择结构），用于判断给定的条件，根据判断的结果来控制程序的流程。

20. 无条件跳转结构_____用于将程序执行转移到相同程序内的另一线程上。

21. 条件判断结构有3种类型：单分支结构、双分支结构和_____。

22. "IF"指令对条件进行一次判定，若判定为真，则执行后面的程序，否则跳过程序，这种结构称为_____。

23. "IF"指令对条件进行一次判定，若判定为真，则执行程序1，否则执行程序2，这种结构称为_____。

24. "IF"指令对条件1进行一次判定，若判定为真，则执行程序1，当程序1执行完成后执行条件2的判定，否则直接执行条件2的判定。以此类推，直到条件n。则跳过程序（或执行程序$n+1$），这种结构称为_____。

25. _____用来复位一个用来计时的停止监视功能的时钟。该指令在使用时钟指令之前使用，用来确保它归零。

26. _____数据可以是数值，也可以是表达式，根据该数值执行相应的CASE语句。

27. _____复位一个用来计时的停止监视功能的时钟。该指令在使用时钟指令之前使用，确保它归零。

28. _____读取一个用于计时的停止监视功能的时钟时长。

29. ABB工业机器人系统的＿＿＿＿＿＿＿＿可用于将系统中已定义的工具对准已定义的坐标系。

30. 在工业机器人运动过程中如果松开"＿＿＿＿＿＿＿＿＿＿"，则工业机器人停止。如果工业机器人因运动学奇异点等问题无法到达目标姿态也会停止，同时报警。

31. ＿＿＿＿＿＿＿＿＿＿是描述用户、工件框架在各自参考坐标系中位置与姿态的数据，工件坐标系的标定也是定义工件数据的过程。

32. Wobjdata包含多个参数，主要有robhold、ufprog、ufmec、uframe、＿＿＿＿＿＿。

33. 使用＿＿＿＿＿＿＿＿ 指令，可以使工业机器人坐标通过编程进行实时转换，通常在运动轨迹保持不变时，快捷地完成工作位置修正。

34. 指令PDispOn参数有Rot、ExeP、Tool、Wobj。其中，Rot为坐标旋转开关；Exep为运行起始点；Tool为工具坐标系；＿＿＿＿＿＿＿＿为工件坐标系。

35. 使用＿＿＿＿＿＿＿＿＿＿指令，可以通过设定坐标偏差量使工业机器人坐标通过编程进行实时转换，在运动轨迹保持不变时，可快捷地完成工作位置修正。

36. 工业机器人备份可以保存所有＿＿＿＿＿＿＿＿、＿＿＿＿＿＿＿＿、系统参数。

37. 用U盘备份系统，可以将U盘插入＿＿＿＿＿＿＿＿＿＿或＿＿＿＿＿＿＿＿ 。

38. 定期对工业机器人的＿＿＿＿＿＿，是保证工业机器人正常运作的良好习惯。

39. 每一台机器人有＿＿＿＿＿＿，在进行系统备份时，备份数据具有唯一性，不可将一台机器人的备份恢复到另一台机器人中去，会造成系统故障。

40. ABB工业机器人数据备份默认名称构成为"工业机器人编号"＋"Backup"＋"备份＿＿＿＿＿＿"。

41. ＿＿＿＿＿＿也称作熔接、镕接，是一种以加热、高温或者高压的方式接合金属或其他热塑性材料如塑料的制造工艺及技术。

42. ＿＿＿＿＿＿＿＿指令用于将数字输出信号的值设置为1；＿＿＿＿＿＿指令用于将数字输出信号的值重置为0。

43. 焊接通过三种方式达成接合的目的：＿＿＿＿ 、＿＿＿＿＿＿、＿＿＿＿＿。

44. ＿＿＿＿＿＿是运动指令中Zone参数对应的数据类型，它的各个元素是相关移动的区域数据，而区域数据则描述了所生成拐角路径的大小。

45. ＿＿＿＿＿＿机器人就是在工业机器人的末轴法兰装接焊钳或焊（割）枪的，使之能进行焊接，切割或热喷涂。

46. 一套完整的弧焊机器人系统，＿＿＿＿＿＿、控制系统、＿＿＿＿＿＿、焊件夹持装置，夹持装置上有二组可以轮番进入机器人工作范围的旋转工作台。

47. ＿＿＿＿＿＿＿＿是ABB工业机器人平台的具有特色的语言，具有很强的组合性。

48. RAPID数据按照存储类型可以分为＿＿＿＿＿＿、可变量（PERS）和常量（CONTS）三大类。

49. 可变量PERS最大的特点是＿＿＿＿＿＿如何，都会保持最后被赋的值。

50.　_____在程序执行的过程中和停止时，会保持当前的值。但如果程序指针被移到主程序后，数值会丢失。

51.　ABB工业机器人程序有3个层级：程序、模块和_____。

52.　_____指令用于将程序执行转移至另一个无返回值程序中。当执行完成无返回值程序后，程序执行将继续过程调用后的指令。

二、简答题

1.　坐标转换指令"PDispOn"与"PDispSet"的区别是什么？

2.　什么是机器人工具快换装置？

3.　机器人工具快换装置的优点是什么？

4.　工业机器人激光切割相比传统的激光切割有哪些优点？

附录-ABB 工业机器人指令说明

ABB工业机器人提供了丰富的RAPID程序指令，方便了大家对程序的编写，同时也为复杂应用的实现提供了可能。以下就按照RAPID程序指令、功能的用途进行一个分类，并对每个指令的功能做出说明。

一、程序执行的控制

1. 程序的调用

指令	说明
ProcCall	调用例行程序
CallByVar	通过带变量的例行程序名称调用例行程序
RETURN	返回原例行程序

2. 例行程序内的逻辑控制

指令	说明
Compact IF	如果条件满足，就执行一条指令
IF	当满足不同的条件时，执行对应的程序
FOR	根据指定的次数，重复执行对应的程序
WHILE	如果条件满足，重复执行对应的程序
TEST	对一个变量进行判断，从而执行不同的程序
GOTO	跳转到例行程序内标签的位置
Label	跳转标签

3. 停止程序执行

指令	说明
Stop	停止程序执行
EXIT	停止程序执行并禁止在停止处再开始
Break	临时停止程序的执行，用于手动调试
ExitCycle	中止当前程序的运行并将子程序指针 PP 复位到主程序的第一条指令，如果选择了程序连续运行模式，程序将从主程序的第一句重新执行

二、变量指令

变量指令主要用于以下几个方面：

（1）对数据进行赋值。

（2）等待指令。

（3）注释指令。

（4）程序模块控制指令。

1. 赋值指令

指令	说明
：=	对程序数据进行赋值

2. 等待指令

指令	说明
WaitTime	等待一个指定的时间程序再往下执行
WaitUntil	等待一个条件满足后程序再往下执行
WaitDI	等待一个输入信号状态为设定值
WaitDO	等待一个输出信号状态为设定值

3. 程序注释

指令	说明
comment	对程序进行注释

4. 程序模块加载

指令	说明
Load	从机器人硬盘加载一个程序模块到运行内存
UnLoad	从运行内存中卸载各程序模块
Start Load	在程序执行的过程中，加载一个程序模块到运行内存中
Wait Load	当 Start Load 使用后，使用此指令将程序模块连接到任务中
CancelLoad	取消加载程序模块
CheckProgRef	检查程序引用
Save	保存程序模块
EraseModule	从运行内存删除程序模块

5. 变量功能

指令	说明
TryInt	判断数据是否是有效的整数
OpMode	读取当前机器人的操作模式
RunMode	读取当前机器人程序的运行模式
NonMotionMode	读取程序任务当前是否无运动的执行模式
Dim	获取一个数组的维数
Present	读取带参数例行程序的可选参数值
IsPers	判断各参数是不是可变量
IsVar	判断一个参数是不是变量

6. 转换功能

指令	说明
StrToByte	将字符串转换为指定格式的字节数据
ByteTostr	将字节数据转换成字符串

三、运动设定

1. 速度设定

指令	说明
MaxRobspeed	获取当前型号机器人可实现的最大 TCP 速度
VelSe	设定最大的速度与倍率
SpeedRefresh	更新当前运动的速度倍率
Accset	定义机器人的加速度
WorldAccLim	设定大地坐标中工具与载荷的加速度
PathAccLim	设定运动路径中 TCP 的加速度

2. 轴配置管理

指令	说明
ConfJ	关节运动的轴配置控制
ConfL	线性运动的轴配置控制

3. 奇异点管理

指令	说明
SingArea	在设定机器人运动时，在奇异点的插补方式

4. 位置偏置功能

指令	说明
PDispOn	激活位置偏置
PDispSet	激活指定数值的位置偏置
PDispOff	关闭位置偏置
EOffsOn	激活外轴偏置
EOffsSet	激活指定数值的外轴偏置
EOffsOff	关闭外轴位置偏置
DefDFrame	通过三维位置数据计算出位置的偏置
DefFrame	通过六个位置数据计算出位置的偏置
ORobT	从一个位置数据删除位置偏置
DefAcFrame	从原始位置和替换位置定义一个框架

5. 软伺服功能

指令	说明
SoftAct	激活一个或多个轴的软伺服功能
SoftDeact	关闭软伺服功能

6. 机器人参数调整功能

指令	说明
TuneServo	伺服调整
TuneReset	伺服调整复位
PathResol	几何路径精度调整
CirPathMode	在圆弧插补运动时，工具姿态的变换方式

7. 空间监控管理

指令	说明
WZBoxDef	定义一个方形的监控空间
WCZylDef	定义一个圆柱形的监控空间
WZSphDef	定义一个球形的监控空间
WZHomejointDef	定义一个关节轴坐标的监控空间
WZLimjointDef	定义一个限定为不可进入的关节轴坐标监控空间
WZLimsup	激活一个监控空间并限定为不可进入
WZDOSet	激活一个监控空间并与一个输出信号并联
WZEnable	激活一个临时的监控空间
WZFree	关闭一个临时的监控空间

四、运动控制

1. 机器人运动控制

指令	说明
MoveC	TCP 圆弧运动
MoveJ	关节运动
MoveL	TCP 线性运动
MoveAbsJ	轴绝对角度位置运动
MoveExtJ	外部直线轴和旋转轴运动
MoveCDO	在 TCP 圆弧运动的同时触发一个输出信号
MoveJDO	在关节运动的同时触发一个输出信号
MoveLDO	在 TCP 线性运动的同时触发一个例行程序
MoveCSyne	在 TCP 圆弧运动的同时执行例行程序
MoveJSyne	在关节运动的同时执行一个例行程序
MoveLSync	在 TCP 线性运动的同时执行一个例行程序

2. 搜索功能

指令	说明
SeurchC	TCP 圆弧搜索运动
SCarchL	TCP 线性搜索运动
SearchExtU	外轴搜索运动

3. 指定位置触发信号与中断功能

指令	说明
TigglO	定义触发条件在一个指定的位置触发输出信号
TriggInt	定义触发条件在一个指定的位置触发中断程序
TriggCheckIO	定义一个指定的位置进行 I/O 状态的检查
TiggEquip	定义触发条件在一个指定的位置上触发输出信号，并对信号响应的延迟进行补偿设定
TriggRampAO	定义触发条件在一个指定的位置上触发模拟输出信号,并对信号响应的延迟进行补偿设定
TriggC	带触发事件的圆弧运动
TriggJ	带触发事件的关节运动
TriggL	带触发事件的线性运动
TriggLIOs	在一个指定的位置上触发输出信号的线性运动
StepBwdPrth	在 RESTART 的事件程序中进行路径的返回
TriggStopProc	在系统中创建一个监控处理，用于在 STOP 和 QSTOP 中需要信号复位和程序数据复位的操作
TriggSpeed	定义模拟输出信号与实际 TCP 速度之间的配合

4. 出错或中断时的运动控制

指令	说明
StopMove	停止机器人运动
StarMove	重新启动机器人运动
StartMoveRetry	重新启动机器人运动及相关的设定
StopMoveReset	对停止运动状态复位，但不重新启动机器人运动
StorePath	存储已生成的最近路径
RestoPath	重新生成之前存储的路径
ClearPath	在当前的运动路径级别中，清空整个运动路径
PathLevel	获取当前的路径级别
SyncMoveSuspend	在 Sorerch 的路径级别中暂停同步坐标的运动
SyncMoveResume	在 StorePath 的路径级别中重返同步坐标的运动
IsStopMoveAct	获取当前停止运动标志行

5. 外轴控制

指令	说明
DeactUnit	关闭一个外轴单元
ActUnit	激活一个外轴单元
MechUnitLoad	定义外轴单元的有效载荷
GetNextMechUnit	检索外轴单元在机器人系统中的名字
IsMechUnitActive	检查外轴单元状态是激活还是关闭

6. 独立轴控制

指令	说明
IndAMove	将一个轴设定为独立轴模式并进行绝对位置方式运动
IndCMove	将一个轴设定为独立轴模式并进行连续式运动
IndDMove	将一个轴设定为独立轴模式并进行角度式运动
IndRMove	将一个轴设定为独立轴模式并进行相对位置方式运动
IndReset	取消独立轴模式
IndInpos	检查独立轴是否已达到指定位置
Indspeed	检查独立轴是否已达到指定的速度

7. 路径修正功能

指令	说明
CorrCon	连接一个路径修正生成器
Corrwrite	将路径坐标系统中的修正值写到修正生成器上
CorrDiscon	断开一个已连接的路径修正生成器
CorClear	取消所有已连接的路径修正生成器
CorfRead	读取所有已连接的路径修正生成器的总修正值

8. 路径记录功能

指令	说明
PathRecStart	开始记录机器人的路径
PathRecstop	停止记录机器人的路径
PathRecMoveBwd	机器人根据记录的路径做后退运动
PathRecMoveFwd	机器人运动到执行"PathReMoveFwe"这个指令的位置上
PathRecValidBwd	检查是否激活路径记录和是否有可退的路径
PathReValidFwd	检查是否有可向前的记录路径

9. 输送链跟踪功能

指令	说明
WaitWObj	等待输送链上的工件坐标
DropWObj	放弃输送链上的工件坐标

10. 传感器同步功能

指令	说明
WaitSensor	将一个在开始窗口上的对象与传感器设备并联起来
SyncToSensor	开始/停止机器人与传感器设备的运动同步
DrOpSensor	断开与当前对象的连接

11. 有效载荷与碰撞检测

指令	说明
MotlonSup	激活/关闭运动监控
LoadId	工具或有效载荷的识别
ManLoadId	外轴有效载荷的识别

12. 有效载荷与碰撞检测

指令	说明
Offs	对机器人位置进行偏移
ReITool	对工具的位程和姿态进行偏移
CalcRobT	从 jointtarget 计算出 robtarget
Cpos	读取机器人当前的 X、Y、Z 轴的坐标值
CRobT	读取机器人当前的 robtarget
CJointT	读取机器人当前的关节轴角度
ReadMotor	读取轴电动机当前的角度
CTool	读取工具坐标当前的数据
CWObj	读取工件坐标当前的数据
MirPos	镜像一个位置
CalcJointT	从 robtarget 计算出 jointtarget
Distance	计算两个位置的距离
PFRestart	检查当前路径因电源关闭而中断的时候
CSpeedOverride	读取当前使用的速度倍率

五、输入/输出信号处理

机器人可以在程序中对输入/输出信号进行读取与赋值，以实现程序控制的需要。

1. 对输入/输出信号的值进行设定

指令	说明
InvertDO	对一个数字输出信号的值置反
PulseDO	数字输出信号进行脉冲输出
Reset	将数字输出信号置为 0
Set	将数字输出信号置为 1
SetAO	设定模拟输出信号的值
SetDO	设定数字输出信号的值
SetGO	设定组输出信号的值

2. 读取输入/输出信号值

指令	说明
AOutput	读取模拟输出信号的当前值
DOutput	读取数字输出信号的当前值
GOutput	读取组输出信号的当前值
TestDI	检查一个数字输入信号是否已置为 1
ValidIO	检查 I/O 信号是否有效
WaitDI	等待一个数字输入信号的指定状态
WaitDO	等待一个数字输出信号的指定状态
WaitGI	等待一个组输入信号的指定值
WaitGO	等待一个组输出信号的指定值
WaitAI	等待一个模拟输入信号的指定值
WaitAO	等待一个模拟输出信号的指定值

3. I/O 模块的控制

指令	说明
IODisable	关闭一个 I/O 模块
IOEnable	开启一个 I/O 模块

六、通信功能

1. 示教器上人机界面的功能

指令	说明
IPErase	清屏
TPWrite	在示教器操作界面上写信息
ErrWrite	在示教器事件日记中写报警信息并存储
TPReadFK	互动的功能键操作
TPReadNum	互动的数字键盘操作
TPShow	通过 RAPID 程序打开指定的窗口

2. 通过串口进行读写

指令	说明
Open	打开串口
Write	对串口进行写文本操作
Close	关闭串口
WriteBin	写一个二进制数的操作
WriteAnyBin	写任意二进制数的操作
WriteStrBin	写字符的操作
Rewind	设定文件开始的位置
ClearIOBuff	清空串口的输入缓冲
ReadAnyBin	从串口读取任意的二进制数
ReadNum	读取数字量
Readstr	读取字符串
ReadBin	从二进制串口读取数据
ReadStrBin	从二进制串口读取字符串

3. Sockets 通信

指令	说明
SocketCreate	创新 Socket
SocketConnect	连接远程计算机
Socketsend	发送数据到远程计算机
SocketReceive	从远程计算机接收数据
SocketClose	关闭 Socket
SocketGetStatus	获取当前 Socket 状态

七、中断程序

1. 中断设定

指令	说明
CONNECT	连接一个中断符号到中断程序
ISignaIDI	使用一个数字输入信号触发中断
ISignalDO	使用一个数字输出信号触发中断
ISignalGI	使用一个组输入信号触发中断
ISignalGO	使用一个组输出信号触发中断
ISignalAI	使用一个模拟输入信号触发中断
ISignalAO	使用一个模拟输出信号触发中断
ITimer	计时中断
TriggInt	在一个指定的位置触发中断
IPers	使用一个可变量触发中断
Error	当一个错误发生时触发中断
IDelete	取消中断

2. 中断控制

指令	说明
ISleep	关闭一个中断
IWatch	激活一个中断
IDisable	关闭所有中断
IEnable	激活所有中断

八、系统相关的指令

时间控制

指令	说明
CIKReset	计时器复位
CIkStrart	计时器开始计时
CIkStop	计时器停止计时
CIkRead	读取计时器数值
CDate	读取当前日期
CTime	读取当前时间
GetTime	读取当前时间为数字型数据

九、数学运算

1. 简单计算

指令	说明
Clera	清空数值
Add	加或减操作
Incr	加 1 操作
Decr	减 1 操作

2. 算术功能

指令	说明
AbS	取绝对值
Round	四舍五入
Trunc	舍位操作
Sqrt	计算二次根
Exp	计算指数值 e^x
Pow	计算指数值
ACos	计算圆弧余弦值
ASin	计算圆弧正弦值
ATan	计算圆弧正切值[-90，90]
ATan2	计算圆弧正切值[-180,180]
Cos	计算余弦值
Sin	计算正弦值
Tan	计算正切值
EulerZYX	从姿态计算欧拉角
OrientZYX	从欧拉角计算姿态

参考文献

1. 王志强,禹鑫燚,蒋庆斌.工业机器人应用编程(ABB初级)[M].北京:高等教育出版社.2020.

2. 王志强,禹鑫燚,蒋庆斌.工业机器人应用编程(ABB中级)[M].北京:高等教育出版社.2020.

3. 杨杰忠，王振华，朱利平.工业机器人技术基础[M].北京:电子工业出版社.2017.

4. 杨杰忠，王振华.工业机器人操作与编程[M].北京:机械工业出版社.2017.

5. 陈小艳.工业机器人现场编程[M].北京:机械工业出版社.2014 .

6. 林燕文.工业机器人现场编程（ABB）[M].北京:高等教育出版社.2018.

7. 叶晖，管小清.工业机器人实操与应用技巧[M].北京:机械工业出版社.2017.

8. 叶晖.工业机器人典型应用案例精析[M].北京:机械工业出版社.2013.

9. 苏建.工业机器人技术200问[M].南京:江苏凤凰教育出版社.2019.

10. 胡伟.工业机器人行业应用实训教程[M].北京：机械工业出版社，2015.

11. 袁有德.弧焊机器人现场编程及虚拟仿真[M].北京：化学工业出版社，2019.

12. 杨晓钧，李兵.工业机器人技术[M].哈尔滨：哈尔滨工业大学出版社，2015.